高转换效率的 CdTe 薄膜太阳能电池性能与 MPPT 控制方法研究

邓 奕 著

华中科技大学出版社

中国·武汉

内容简介

本书作者在湖北省教育厅科学技术研究计划项目"基于碲化镉太阳能电池最大功率点跟踪系统的研究与设计"(B2017308,主持)、湖北省过程控制与先进装备制造协同创新中心2016年度重点项目"风光互补发电实训平台的产业化"(HX2016A1001,主持)、湖北省教育厅科学技术研究计划项目"太阳能光伏发电最大功率点跟踪技术的研究"(B2014117,主持)、湖北省过程控制与先进装备制造协同创新中心2013年度重点项目"风光互补发电实训平台的研制"(HX2013A1002,主持)和国家自然科学基金面上项目"高转换效率CdTe薄膜太阳能电池关键科学问题及电池制备"(51272247,参与)的支持和资助下,选择CdTe薄膜太阳能电池发电系统为研究对象,针对光伏发电系统核心技术问题——CdTe薄膜太阳能电池性能与MPPT控制方法进行研究,建立CdTe薄膜太阳能电池工程仿真模型用以优化设计方案,提出一种适合CdTe薄膜太阳能电池发电系统的MPPT逻辑控制算法,从而提高光伏发电系统的稳定性和发电效率。

本书共分六章,主要包括:绪论、高转换效率CdTe薄膜太阳能电池性能研究、CdTe薄膜太阳能电池的工程模型与输出特性研究、CdTe薄膜太阳能电池发电系统的MPPT控制研究、CdTe薄膜太阳能电池发电系统MPPT控制试验研究、总结与展望等。

本书对CdTe薄膜太阳能电池性能与MPPT控制方法进行了深入介绍,专业性强,可供从事太阳能电池和光伏发电系统研究的相关科研人员、高校教师和研究生参考。

图书在版编目(CIP)数据

高转换效率的CdTe薄膜太阳能电池性能与MPPT控制方法研究/邓奕著.—武汉:华中科技大学出版社,2018.6

ISBN 978-7-5680-4371-7

Ⅰ.①高… Ⅱ.①邓… Ⅲ.①薄膜太阳能电池 Ⅳ.①TM914.4

中国版本图书馆CIP数据核字(2018)第134587号

高转换效率的 CdTe 薄膜太阳能电池性能与 MPPT 控制方法研究

邓奕　著

Gao Zhuanhuan Xiaolü de CdTe Bomo Taiyangneng Dianchi Xingneng yu MPPT Kongzhi Fangfa Yanjiu

策划编辑：康　序

责任编辑：狄宝珠

责任监印：徐　露

出版发行：华中科技大学出版社(中国·武汉)　　　电话：(027)81321913

　　　　　武汉市东湖新技术开发区华工科技园　　　邮编：430223

录　　排：武汉正风天下文化发展有限公司

印　　刷：武汉开心印印刷有限公司

开　　本：787mm×1092mm　1/16

印　　张：6.75

字　　数：161千字

版　　次：2018年6月第1版第1次印刷

定　　价：68.00元

前言 PREFACE

　　为了适应我国发展新能源和环境保护措施的升级等方面的要求,太阳能等清洁低碳新能源正在快速发展,光伏产业迎来黄金期,中国已成为世界上最大的光伏发电生产国。目前光伏发电系统的主要问题是光伏电池的转换效率较低且价格昂贵。突破技术制约、降低成本,对光伏产业的技术创新具有重大意义。

　　本书是在湖北省教育厅科学技术研究计划项目"基于碲化镉太阳能电池最大功率点跟踪系统的研究与设计"(B2017308,主持)、湖北省过程控制与先进装备制造协同创新中心2016年度重点项目"风光互补发电实训平台的产业化"(HX2016A1001,主持)、湖北省教育厅科学技术研究计划项目"太阳能光伏发电最大功率点跟踪技术的研究"(B2014117,主持)、湖北省过程控制与先进装备制造协同创新中心2013年度重点项目"风光互补发电实训平台的研制"(HX2013A1002,主持)和国家自然科学基金面上项目"高转换效率CdTe薄膜太阳能电池关键科学问题及电池制备"(51272247,参与)的支持和资助下,选择CdTe薄膜太阳能电池发电系统为研究对象,针对光伏发电系统核心技术问题——CdTe薄膜太阳能电池性能与MPPT控制方法进行研究,建立CdTe薄膜太阳能电池工程仿真模型用以优化设计方案,提出一种适合CdTe薄膜太阳能电池发电系统的MPPT逻辑控制算法,从而提高光伏发电系统的稳定性和发电效率。

　　本书完成的主要工作和取得的研究成果如下。

　　(1)针对"高转换效率的CdTe薄膜太阳能电池性能"问题,通过掺杂Cu对CdTe薄膜太阳能电池性能影响的试验研究,提出了掺杂Cu来提高CdTe薄膜太阳能电池的高转换效率方法;通过对CdTe薄膜太阳能电池的弱光性能的试验研究,发现CdTe薄膜太阳能电池是弱光下最好的光伏器件之一。

　　(2)针对"MPPT控制方法"问题,研究并构建了任意光照强度和温度条件下的CdTe薄膜太阳能电池工程模型,应用Matlab/Simulink建立其仿真模型并仿真研究CdTe薄膜太阳能电池的输出特性。

(3)针对"CdTe薄膜太阳能电池性能"和"MPPT控制方法问题",根据MPPT的评价指标要求,提出了CdTe薄膜太阳能电池MPPT逻辑控制方法;以构建的CdTe薄膜太阳能电池的工程数学模型为对象,对CdTe薄膜太阳能电池MPPT逻辑控制方法进行了仿真,与MPPT电导增量法进行了比较,其仿真研究表明了CdTe薄膜太阳能MPPT逻辑控制方法具有较好的动态性能和稳态性能。

(4)构建了CdTe薄膜太阳能电池发电系统MPPT控制试验平台,提出了CdTe薄膜太阳能电池发电系统的MPPT控制试验方法,进行了CdTe薄膜太阳能电池输出特性与发电系统MPPT控制方法的试验研究,验证了CdTe薄膜太阳能电池发电系统MPPT逻辑控制方法的实用性及其效果。

本书作者及其科研团队长期从事光伏发电新技术方面的研究,积累了大量的成果。本书着眼于CdTe薄膜太阳能电池光伏发电系统整体,针对系统中若干关键技术在理论研究、计算机仿真和试验平台构建上进行了有益的探索,研究了高转换效率CdTe薄膜太阳能电池性能与MPPT控制方法,开发了一套CdTe薄膜太阳能电池光伏发电系统MPPT控制试验平台,通过对比性试验,得到的研究结果表明了理论和仿真研究的正确性。其研究成果为CdTe薄膜太阳能电池的设计和制备和相应的CdTe薄膜太阳能电池发电系统的开发奠定了初步的理论和技术基础。

本书作者为邓奕博士,全书根据作者的博士论文提炼并整理完成。本书的顺利出版,首先诚挚地感谢作者的博士生导师陈静教授,她的善良、远见与执着深深影响着作者。没有她的宽容、理解和支持,作者的求学过程难以如此顺利,其博士论文也是难以顺利完成;其次感谢中国科技大学合肥微尺度物质科学国家实验室的王德亮教授,他是光伏领域权威专家,作者进行的相关研究很荣幸有机会得到了他的指导;感谢研究团队里的袁佑新教授,他对我父爱般的关心和支持,让我充满了力量,有勇气克服一个又一个的困难;感谢武汉理工大学自动化学院陈伟教授、苏义鑫教授、陈跃鹏教授、肖纯教授、刘教瑜教授、向馗教授、夏泽中教授的帮助和支持;感谢汉口学院,它为我的学业和事业发展提供了平台和资源,为我营造了宽松的思考环境,使得我能顺利开展各种研究和试验,同时本书的出版得到了汉口学院中青年骨干教师专项经费资助;感谢罗爱平董事长一直以来对我的认可和支持,感谢王鹤副校长对我的理解和鼓励;感谢汉口学院电子信息工程学院、湖北省过程控制与先进装备制造协同创新中心和武汉华晨紫睿电子科技有限公司全体同事对我的支持和帮助!同时,父母的养育与理解,是我求学的坚强后盾。十几年的求学经历中,父母在精神和物质上宽容地支持着我,愧疚与感恩之心,无以言表。

在撰写该书期间,得到了很多前辈、家人、同事、朋友的关心、支持和帮助,特别是华中科技大学出版社相关编辑的支持,再次深表感谢。

由于时间仓促,书中难免有疏漏之处,请读者谅解。有任何问题均可通过电子邮件402345008@qq.com与作者交流。

邓 奕

2018 年 4 月

目录 CONTENTS

第①章 绪　论

 ## 1.1　研究背景及意义

科技的进步和经济的发展,在给人类物质文明带来空前繁荣的同时,也给人类带来了环境恶化和能源危机。不可再生能源如煤、石油等已被过度开采,能源危机不断加剧。

进入 21 世纪以来,随着全球经济发展,能源危机和环境污染正在日益引发关注。面对世界能源供需格局新变化、国际能源发展新趋势,能源生产和消费正在发生革命性变化,用可再生的清洁能源替代不可再生能源成为大趋势。2015 年底,巴黎协定在气候峰会上达成一致共识,要加快清洁低碳能源的发展,不断提高清洁低碳能源在能源中的比重,尤其是重视光伏新能源的发展。

改革开放以来,我国经济快速发展的同时导致了国内能源消费规模急剧增长,能源开发强度急速扩大,煤炭产量已逼近开发上限,油田增储增产潜力有限,导致国内能源资源约束日益紧张;大规模能源进口又导致能源对外依存度高,石油和天然气对外依存度分别达 60％和 30％,严重影响能源安全;更为严重的是由此带来生态环境的日益恶化,雾霾问题成为举国之痛,全国约 6 亿人口受到雾霾影响;二氧化碳排放大增,2000 年至 2010 年我国二氧化碳排放增量超过全球增量的 60％,温室气体减排压力空前严峻。

作为世界第一大能源消费国和生产国的中国,工业化和城镇化的步伐不断加快,同时面临生态环境、能源安全以及气候变化等问题,尤其是异常严峻的能源形势决定了必须创新发展思路,必须推动能源生产和消费革命。发展清洁低碳能源势在必行。

太阳能作为一种十分具有潜力的清洁低碳新能源,广泛用于交通、通信、石油、海洋、气象、航空航天,以及人民生活等领域。光伏发电是当前利用太阳能的主要方式之一。近年来,我国政府出台了一系列相关法规和政策支持光伏产业转型升级。2015 年中国成为世界最大光伏生产国,光伏产量约占全球产量的一半,中国光伏产业的发展春天已经来临。

突破技术制约、降低成本,使光伏度电成本逐步与火力发电成本持平甚至更低,才能保持良好的发展势头。

太阳能电池(光伏电池)是光伏发电系统的核心光伏器件。光伏发电系统的主要问题是太阳能电池的转换效率低且价格贵。薄膜太阳能电池因质量小、厚度极薄、可弯曲、制造工艺简单、能耗低、成本低等众多优点受到科技界和工业界的广泛重视和青睐,市场前景广阔。

因此,针对光伏发电系统核心技术问题薄膜太阳能电池性能与 MPPT 控制方法进行研究,提高光伏转换效率和弱光性能,分析电池输出特性,优化发电系统控制方法,建立试验平台,降低制备成本,对光伏产业技术创新具有重大意义。

由国际光伏专家吴选之教授等人创建的龙焱能源科技(杭州)有限公司成立于 2008 年 5月,一直致力于在中国国内实现高效 CdTe 薄膜太阳能电池技术的产业化。虽然 CdTe 薄膜太阳能电池还未得到大面积推广,但是 CdTe 薄膜太阳能电池的应用前景非常乐观,其制造成本显著降低,弱光性能好,发电效率高,目前受到科技界和工业界的广泛重视。

本书作者在湖北省教育厅科学技术研究计划项目"基于碲化镉太阳能电池最大功率点跟踪系统的研究与设计"(B2017308,主持)、湖北省过程控制与先进装备制造协同创新中心 2016 年度重点项目"风光互补发电实训平台的产业化"(HX2016A1001,主持)、湖北省教育厅科学技术研究计划项目"太阳能光伏发电最大功率点跟踪技术的研究"(B2014117,主持)、湖北省过程控制与先进装备制造协同创新中心 2013 年度重点项目"风光互补发电实训平台的研制"(HX2013A1002,主持)和国家自然科学基金面上项目"高转换效率 CdTe 薄膜太阳能电池关键科学问题及电池制备"(51272247,参与)的支持和资助下,选择 CdTe 薄膜太阳能电池发电系统为研究对象,着眼于 CdTe 薄膜太阳能电池光伏发电系统整体优化,针对系统中若干关键技术,试验研究 CdTe 薄膜太阳能电池性能,建立 CdTe 薄膜太阳能电池工程仿真模型用以优化设计方案,提出一种适合 CdTe 薄膜太阳能电池发电系统的 MPPT 逻辑控制算法,提高了光伏发电系统的稳定性和发电效率。

 ## 1.2 相关技术国内外研究现状

水电、风电之后,太阳能发电是公认最具有发展潜力和应用价值的可再生能源。太阳能广泛用于光热、光电、光化、光生物等四个方面。其中利用光电转换进行太阳能发电是最具前景的应用方式。

太阳能最直接有效的利用形式就是 1839 年法国物理学家 A. E. Becquerel 首次发现了光伏效应。世界上第一块太阳能电池于 1883 年被 Charles Fritts 发明,其光电转换效率约 1%;1954 年由美国贝尔实验室制备的现代太阳能电池将转换效率提升到 6%,具有划时代意义;1973 年爆发了石油危机,人们认识到可替代能源的重要性,太阳能电池越来越受到重视和青睐,出现种类越来越多的太阳能电池,其中化合物薄膜太阳能电池、硅基太阳能电池、染料敏化太阳能电池、有机太阳能电池、纳米材料太阳能电池、量子点太阳能电池等比较常见。技术的进步带动太阳能电池转换效率的不断提升,实验室制备的晶体硅太阳能电池在实验室也获得了高达 25% 的转换效率,其组件效率高达 21.5%。

20 世纪末期,世界太阳能发电装机容量每年以 20%～40% 的速度增长。2002 年全球太阳能发电装机容量累计超过了 1 GW。2009 年世界太阳能发电装机容量达到了 6.43 GW,太阳能电池生产能力达到了 20 GW。2016 年全球太阳能发电装机容量超过 300 GW。2010 年5月,国际能源署(IEA)预测到 2100 年,世界上有 64% 的电力供应将来源于太阳能发电。

近年来,在科技界和产业界的推动下,我国太阳能产业发展迅猛,像汉能集团、无锡尚德、南京中电光伏、深圳科陆电子、保定天威英利、武汉日新光伏、常州天合等一大批实力强劲的光伏企业异军突起,2007 年我国太阳能电池产量世界排名第一,2009 年我国太阳能电池产量高达 4 GW,占全球总产量的 40%。特别需要注意到一个现象,我国生产的太阳能电池内销仅仅 5%,出口占到 95%,国内太阳能发电装机容量还有很大的提升空间。

太阳能的广泛应用也有很多急需解决的问题,成本、转换效率、安装等。太阳能发电技术要求高、研发和生产资金投入大、成本较高、回收周期长、推广较困难。因此,寻求保证光伏系统高效率的合适材料就显得尤其重要。

对于采用不同性质的半导体材料制备太阳能电池,目前全世界很多大学、科研院所、光伏企业研究院都在开展深入研究。

碲化镉(CdTe)是一种 P 型半导体材料,室温下的禁带宽度为 1.45 eV,接近于太阳能电池需要的最优能带间隙,能有效地吸收可见光能量,并且吸收系数高,其理论转换效率高达 28％。所以,CdTe 是制备高效率和低成本的薄膜太阳能电池优质的吸收层材料。

硫化镉(CdS)是一种非常理想的直接带隙太阳能电池材料。CdS 薄膜带隙较宽,吸收系数较高,能和 SnO₂ 形成非常好的欧姆接触。在异质结太阳能电池中,CdS 多晶薄膜是一种理想的 n 型窗口材料。

在 CdTe 薄膜太阳能电池中,碲化镉/硫化镉(CdTe/CdS)异质结是基础和核心,尽管 CdS 和 CdTe 晶格常数相差约 10％,然而两者组合起来形成的异质结电学性能突出。

与常见的硅基太阳能电池相比,CdTe 薄膜太阳能电池最大的优势是制造成本明显降低,电池柔韧性较好,具有更广泛的应用场景和更大的发展潜力,所以全世界众多高校、企业、科研院所都积极开展 CdTe 薄膜太阳能电池的研制,通过科学实验,不断提高其转换效率,目前国际上 CdTe 薄膜太阳能电池实验室最高的转换效率是由美国创造的 21％,只要对 CdTe 薄膜太阳能电池的性能进行深入研究,才能研制出高转换效率的 CdTe 薄膜太阳能电池。

电池结构在一定程度上影响了电池的整体性能,CdTe 薄膜太阳能电池最常见的结构为"Superstrate"结构,即在衬底上依次沉积 TCO 层、CdS 窗口层、CdTe 吸收层、背接触层和电极层这五层薄膜。

玻璃衬底通常会选用廉价的钠钙玻璃,其他五层薄膜都影响着 CdTe 薄膜太阳能电池的性能。TCO 层充当电池的前电极,不但要具有高透光性和低电阻性,同时还要具有较高的热稳定性和化学稳定性;CdS 作为窗口层既起到透光的作用,又以 n 型半导体的形式与 CdTe 形成 PN 结;CdTe 多晶薄膜为电池的光吸收层,是 CdS/CdTe 异质结的 p 型部分,该异质结是薄膜电池光生载流子产生与分离的场所,是电池的核心部分,对于 CdTe 薄膜的制备至关重要,一定程度上影响电池的转换效率;背接触层薄膜作为缓冲层改善 CdTe 与金属电极之间的接触,能有效降低接触势垒和电池串联电阻;背电极作为连接导线将电流导出到外接电路。

由于 CdTe 的高功函数,常见金属与其接触都会形成反向的肖特基势垒,非欧姆接触会导致电池 I-V 曲线"反转(Roll-Over)"现象,会降低电池的填充因子与开路电压,加入 Cu 或 Cu 背接触的引入可以大大改善这方面问题,但也会影响电池的稳定性,所以在接触面引入杂质离子也会影响 CdTe 的性能。

1.2.1 CdTe 薄膜太阳能电池性能的研究现状

CdTe 薄膜太阳能电池常见的结构为"Superstrate"结构,包括以廉价的钠钙玻璃为衬底和在衬底上依次沉积 TCO 层、CdS 窗口层、CdTe 吸收层、背接触层和电极层五层薄膜;若干个薄膜太阳能电池串联可组成光电转换系统;通过高温 CSS 处理的 CdTe 太阳能电池用于商业的 SnO₂:F/SnO₂ 涂覆的钠钙玻璃基片。从 CdS/CdTe 太阳能电池的能带模型出发,探讨了 CdS/CdTe 薄膜结构和性能以及影响 CdTe 薄膜太阳能电池效率的因素,通过对 CdTe

薄膜太阳能电池等效电路的研究,得到太阳能电池的串联电阻的影响特性,据此设计较好的CdTe薄膜太阳能电池的结构参数;高性能薄膜太阳能电池背电极的新P型半导体可采用纳米晶体薄膜,研究了Cd处理修改CdS/CdTe表面来提高CdTe太阳能电池性能的方法,以及具有Bi_2Tc_3背接触的CdTe薄膜太阳能电池老化测试方法。

CdTe太阳能电池的基本原理与常见光伏电池的原理基本相同。太阳光入射到CdTe薄膜太阳能电池后,绝大部分的可见光子仍然到达了CdTe层。电子通过CdS层流经前电极层最后从负极导出,空穴从CdTe内运输到背接触层,最后从背电极正极导出到外电路。

生成理想的CdS和CdTe薄膜层对于CdTe薄膜太阳能电池制备只是第一步,对于CdTe薄膜太阳能电池制备远远不够。

以硫酸镉和二氧化碲为主,盐和硫酸钠为辅的电解质的电沉积体系,通过加入表面活性剂CTAB之后,制备出了具有超细微结构的纯立方相CdTe薄膜;CdS薄膜通过化学水浴法(CBD)沉积,CdTe薄膜采用近空间升华(CSS)法沉积,背接触层Cu_xTe采用真空物理蒸发沉积,成功制备出CdTe薄膜太阳能电池,对影响器件性能的主要因素进行了分析;通过改进窗口层材料和结构,用新的背接触制备工艺替代传统的掺Cu工艺,制备出了转换效率超过11%的CdTe太阳能电池。

文献[33]主要研究沉积条件对薄膜的结构、成分、形貌和光学性质等的影响;文献[34]研究了化学浴沉积的CdS薄膜的$CdCl_2$热处理、一步电化学沉积的CIS预制膜的硒化热处理和蒸发沉积的InSe/Cu叠层预制膜的硒化热处理;文献[35]采用水浴法制备CdS薄膜,对影响CdS薄膜生长的各种反应条件进行了深入研究,将CdS薄膜与Cu_2O、CdTe、P型硅片进行生长,得到了异质结薄膜太阳能电池,对其电池的主要性能参数进行了测试;文献[36]主要通过CBD和CSS技术,研究沉积参数影响CdS薄膜的性能;文献[37]主要通过具体的方法来一步步地讲解CdTe薄膜太阳能电池的制备。

文献[38]以CdTe薄膜光伏太阳能电池的制备工艺为基础,制备了CdS窗口材料。主要研究了一种原位制备CdS的生长方法,对真空蒸发法与近空间升华法制备的CdTe薄膜的工艺过程和薄膜的光电性能进行了研究。文献[39]采用混合有硫化铜(Cu_xS)粉末的导电石墨膏作为背接触层材料,薄膜制备可以采用涂覆、喷涂、打印等简单的方法进行,不需要化学水浴沉积薄膜,更不需要昂贵的真空设备,背接触结构制备过程快速高效。文献[40]研究工作采用射频等离子增强化学气相沉积(PECVD)技术,在低温下高速沉积优质微晶硅薄膜材料。

文献[41]研究了水相和油相中硫族化合物纳米晶的合成与光学性质。利用常规的TEM、HRTEM、XRD、XPS、FTIR测试方法对所合成的材料进行表征,研究了不同的合成条件对产物光学性质的影响,探索材料的生长过程。文献[42]研究开发了一个多尺度、分级的电池模型,用来解释和预测平均晶粒大小和晶粒大小分布对薄膜太阳能电池效率的影响。

文献[43]主要研究了水浴法制备CdS过程中各参数对薄膜沉积的影响以及掺杂Cu对于CdS薄膜结构和性质的影响。文献[44]介绍了NCs消光光谱和基于离散偶极近似和Cu_2-xTe实证的介电函数理论计算的一致性。文献[45]对RCA实验室率先提出的有关CdTe材料在光伏领域的应用前景进行了介绍。文献[46]介绍了RCA实验室通过将In元素扩散到P型单晶上获得了转换效率为2%的CdTe单晶同质结太阳能电池,标志世界上首块CdTe太阳能电池出现。文献[47]对法国CNRS课题组制备出了7%的CdTe太阳能电池进行了介绍。文献[48]介绍了运用近空间气相输运法在 N 型 CdTe 单晶上沉积掺杂 As 的 P 型 CdTe 薄膜,第一次在太阳能电池中采用 CdTe 薄膜,并且将电池转换效率提高到 10.5%,开路电压达到 820 mV,短路电流达到 21 mA/cm²。文献[49][50]介绍了在含有 Cu 盐的酸性溶液中,将 N 型 CdTe 多晶薄膜进行化学反应,得到 P 型的 Cu_2Te 层,成功制备出 CdTe/Cu_2Te 异质结太阳能电池。文献[51]对如何获得性能更优良的窗口层材料和 CdTe 单晶异质结太阳能电池的研究进行了介绍。窗口层材料会影响电池的光透过率。斯坦福大学光伏电池研究课题组在 1977 年利用电子束蒸发制备的氧化铟锡与 P 型 CdTe 单晶制备出的异质结太阳能电池转换效率高达 10.5%。文献[52]介绍利用反应沉积法在 P 型 CdTe 单晶上制备 In_2O_3,获得转换效率高达 13.4% 的太阳能电池。文献[53]介绍了一种转换效率为 10% 的太阳能电池,提到了 Tyan 和 Albuerne 的研究贡献。文献[54]提到 Ferekides 等人成功制备出的薄膜太阳能电池转换效率高达 15.8%。文献[55]介绍了光伏领域知名华人科学家吴选之教授,在美国 NREL 实验室通过改进和完善 CdTe 薄膜太阳能电池的前电极和背电极工艺,制备出的薄膜太阳能电池转换效率高达 16.5%。

文献[56]介绍世界领先的太阳能光伏模块制造商之一 First Solar 屡次打破 CdTe 太阳能电池最高转换效率的纪录,2015 年 2 月 5 日,First Solar 宣布其 CdTe 太阳能电池转换效率达到 21.5%。2016 年 2 月,First Solar 宣布其 CdTe 太阳能电池转换效率达到 22.1%,刷新历史纪录。

由于 CdTe 的高功函数,常见金属与其接触都会形成反向的肖特基势垒。非欧姆接触会导致电池 I-V 曲线的"反转(Roll-Over)"现象,这会降低电池的填充因子与开路电压。含 Cu 或 Cu 背接触的引入可以大大改善这方面问题,但也会影响电池的稳定性。Cu 在 CdTe 晶体中扩散系数达到 10^{-12} cm²/s,扩散到 CdTe 薄膜内部的 Cu 形成的缺陷主要有 3 种形式:取代缺陷 Cu_{Cd}、间隙缺陷 Cu_i 和复合缺陷 Cu_{Cd}-Cu_i。前两种对薄膜的导电性产生主要的影响。Cu_{Cd} 缺陷主要存在于晶粒内部,它是比 CdTe 的本征缺陷 V_{Cd} 更浅的受主杂质,可以增加 CdTe 的导电性。离子态的 Cu_i 是扩散的主要形式,并且 N 型的 Cu_i 缺陷对薄膜的反向补偿导致电阻率的提高。同时,Cu 沿着薄膜的 CdTe 晶界向 CdTe 内部和 CdTe/CdS 界面的扩散会引起旁路通道的形成,造成短路漏电。而且,当 Cu 到达 CdTe/CdS 界面甚至在 CdS 中累积时,可以在 CdS 中形成深能级,成为电子陷阱、提供复合中心,增加 CdS 的电阻率。在实际沉积 Cu 之前,往往对 CdTe 表面进行化学反应获得富 Te 层的薄膜,它是重掺杂的 P 型层,此外它可以与 Cu 反应生成 Cu_xTe 化合物,这层缓冲层有利于降低肖特基势垒,与外电极形成欧姆接触。而且富 Te 层与 Cu_xTe 层也阻碍了 Cu 向 CdTe 中的扩散。但是,Cu_xTe 也不稳定,会分解释放 Cu。所以 Cu 在 CdTe 薄膜太阳能电池中的作用既有提高电池性能的积极因素,也有加快电池的衰退影响稳定性的消极弊端。

文献[59]研究了衬底温度及沉积速率的变化对 ZnTe:Cu 薄膜质量及电池性能的影响。

文献[60]研究了 CdTe 薄膜太阳能电池的制备,分析了 CdTe 薄膜太阳能电池的机理。研究了背电极 Cu 的掺杂对电池性能的影响以及由 Cu 的扩散引起电池稳定性的问题。

文献[61]研究了水浴法制 CdS 过程中各参数对薄膜沉积的影响以及 Cu 掺杂对于 CdS 薄膜结构和性质的影响。

文献[62]介绍了串联电阻对掺杂 CdTe(p)薄膜同质结结构的光伏性能的影响。

文献[63]主要介绍了掺杂 Cu 的 CdTe 光致发光和 CdS/CdTe 太阳能电池的相关稳定性问题。

文献[64]介绍了新型的 Cu 纳米线/石墨烯作为 CdTe 太阳能电池的背接触。

文献[65]介绍运用非肼溶剂前驱体溶液法制备 CZTSSe 薄膜,优化硒化装置、温度、次数和硒粉用量,使 CZTSSe 薄膜的结晶性得到改善,制备无小颗粒层的大晶粒 CZTSSe 薄膜。对结晶性不同的 CZTSSe 薄膜的光电性能进行测试并分析对电池性能的影响,制备出 CZTSSe 薄膜的太阳能电池。

文献[66]介绍了通过脉冲直流电磁控溅射薄膜硫化镉高速沉积工艺。

文献[67][68]介绍了金属氮化物作为碲化镉太阳能电池接触器,氮掺杂黄铜作为碲化镉太阳能电池接触器。

文献[69]主要研究了不同光照强度下(弱光条件),CdTe 薄膜太阳能电池的性能与光照强度的关系。

综上所述,国内外对 CdTe 薄膜太阳能电池性能的研究主要表现为 CdTe 薄膜太阳能电池常见的结构、光伏电池的原理、工艺及制备等方面。然而,电池结构在一定程度上会影响电池的整体性能,CdTe 薄膜太阳能电池性能的好与坏,直接影响到 CdTe 薄膜太阳能电池发电系统的效率。所以根据 CdTe 薄膜太阳能电池性能的研究现状,本书将 CdTe 薄膜太阳能电池作为研究对象,定量分析杂质 Cu 对电池性能和稳定性的影响,同时研究和分析 CdTe 薄膜太阳能电池在弱光下的性能。

1.2.2 CdTe 薄膜太阳能电池的工程数学模型的研究现状

太阳能电池的工程数学模型都是建立在其理论数学模型的基础上的,太阳能电池属于半导体器件,在电子学中其核心部件 PN 结可以等效为一个二极管。光照下电池可看作恒流电流源。

文献[72]介绍了通过将工程数学模型和本征载流子浓度结合来推断电容和温度之间精确的关系。文献[73]主要介绍了一种改进的基于硅太阳能电池的非线性工程数学模型。文献[74]介绍了碲化镉太阳能电池从设备建模到电动汽车电池管理过程。文献[75]提出采用串联结构提高 CdTe 薄膜太阳能电池效率,采用 TCAD 进行仿真。

文献[76]介绍了通用光伏设备的一种新的显式经验模型的验证方法。

文献[77]介绍了采用高精度光谱响应数据和太阳光谱辐照度数据的各种薄膜组件的光谱分析。文献[78]介绍了用实时光谱椭偏仪对薄膜光伏材料和器件制备进行分析与优化。文献[79]介绍了硫化镉/碲化镉器件和模块性能测试的不规则性。

综上所述,国内外研究 CdTe 薄膜太阳能电池的工程数学模型方法主要体现在:基于硅太阳能电池的非线性工程数学模型、碲化镉太阳能电池从设备建模到电动汽车电池管理过程、弱光下 CdTe 薄膜太阳能电池的特性等,这些方法没有涉及建立合理的 CdTe 薄膜太阳能电池的工程数学模型与特性内容。因此,本书对 CdTe 太阳能电池进行研究并构建任意太阳光强和温度条件下的 CdTe 薄膜太阳能电池工程模型,应用 Matlab/Simulink 建立其仿真模型并仿真 CdTe 薄膜太阳能电池的输出特性。

1.2.3 光伏发电系统 MPPT 控制方法的研究现状

MPPT 控制算法根据特征和具体实现过程,分为基于参数选择方式的间接控制法、基于采样数据的直接控制法和人工智能控制法。

文献[84]～[91]以光伏发电系统为对象,以提高发电效率为目标,研究和优化了光伏发电系统最大功率点跟踪。文献[92]讲述了 MPPT 整体控制电路,实现了能源系统控制策略的最优。文献[93]以电导增量法为基础,在最大功率点跟踪动态过程中,研究了前置电容动态的作用,实现了 MPPT 和电流一体化稳定运行和控制。文献[94]主要介绍了通过不同技术对四种光伏模块在最大功率点性质的实验分析;文献[95]介绍了人工神经网络用于非晶硅光伏电池最大功率点估计的可行性;文献[96]介绍了通过描述完整的 $P\text{-}V$ 曲线来寻找最大功率点(MPP);文献[97]介绍了利用粒子群优化技术来优化基于 MPPT 的模糊控制算法;文献[98]主要介绍了有效的 MPPT 控制对 GPV 系统性能的贡献;文献[99]介绍了多云环境下光伏阵列最大功率点追踪的模糊逻辑控制的设计;文献[100]主要研究介绍了基于 DC/DC 光伏发电系统的 MPPT 控制算法仿真;文献[101]介绍了基于光伏系统实时最大功率点控制的极坐标模糊控制;文献[102]介绍了基于太阳能汽车光电流的最大功率点跟踪算法研究。文献[103]介绍了基于高压薄膜光伏模块的 MPPT 太阳能充电控制器;文献[104]主要研究了在快速变化的环境下如何实现对最大功率点的实时追踪;文献[105]～[107]主要研究介绍如何通过光照强度来判断完成对最大功率点的自动快速追踪。

文献[108]主要描述了自主研发设计的用于模拟太阳能追踪的系统实训装备;文献[109]介绍了太阳能电池组件受模糊理论控制驱动三相异步电动机应用;文献[110]介绍了对新型数字化光伏阵列模拟器的研究;文献[111]介绍了利用稳定电压控制实现 MPPT 的恒电压跟踪法,它的主要特点是跟踪电压恒定,最大优点是非常简化;文献[112]介绍了一种改进型的恒电压跟踪法,简称为开路电压比例系数法,两者的本质都是跟踪电压,区别在于开路电压比例系数法跟踪是变化的电压,提升了跟踪效果,还介绍了短路电流比例系数法、查表法和电导增量法;文献[113]介绍了一种最常见的扰动观察法,俗称爬山法。该方法主要通过对光伏电池的输出电压周期性的加入扰动,实时检测光伏电池的输出功率值,同时与上个周期的输出功率值进行比较,根据比较结果判断变化趋势,从而对下一个周期加入的扰动给出方向。

文献[114]提出一种基于模糊逻辑的 MPPT 控制方法;文献[115]介绍了一种在 MPPT 控制中采用神经网络的控制算法;文献[116]介绍了一种滑模运动 MPPT 控制法,利用高速开关在有限时间内驱动控制系统的状态轨迹到达并稳定地保持在预先设计的状态空间曲面上。

MPPT 算法的核心思想:通过对光伏电池的输出电压进行控制,达到在不同的环境下光伏电池输出最大功率。

1. 基于参数选择方式的间接控制法

利用稳定电压控制实现 MPPT 的恒电压跟踪法,它的主要特点是跟踪电压恒定,最大优点是方法非常简化,实施简单、性能稳定可靠。采用恒电压跟踪法通常比普通光伏系统获得的电能要高 15% 左右;因为忽略了环境温度和光伏电池自身发热对电池输出电压的影响,造成光伏电池最大功率点的电压发生一定程度的偏移,不能完全跟踪最大功率点,所以恒电压跟踪法的控制精度低,工作电压的设置对电池的输出功率的影响较大,对四季温差或单日温差较大的区域,该控制方法效果较差。

为了降低环境温度和光伏电池自身发热对系统造成的不良影响,对恒电压跟踪法改进得到开路电压比例系数法。开路电压比例系数法跟踪是变化的电压,控制方法简单,具有较强的抗干扰能力,不会出现最大功率点附近的反复震荡的情况,大大提升了跟踪效果,但是会损失较少的瞬时功率。查表法是根据实际情况,将各种参数模型预先设定并存储在数据表中,当光伏系统工作时,再选取不同的工况参数对 MPPT 进行控制。

2. 基于采样数据的直接控制法

扰动观察法俗称爬山法,方法和结构简单,被测参数少,因此应用广泛。该方法主要通过对光伏电池的输出电压周期性的加入扰动,实时检测光伏电池的输出功率值,同时与上个周期的输出功率值进行比较,根据比较结果判断变化趋势,从而对下一个周期加入的扰动给出方向。但是由于频繁地增加扰动,最大功率点附近反复出现震荡现象,导致功率有一定的损耗,同时跟踪精度和跟踪速度不能达到完美统一。

电导增量法是一种通过比较光伏电池的瞬时电导和电导变化量来实现最大功率点跟踪的控制方法。电导增量法有众多优点,例如:控制效果佳、精度高、响应速度快、震荡小,尤其是跟扰动观察法进行对比,震荡现象基本上可以忽略不计,不会出现乱调节的过程。但是,电导增量法对控制系统有较高的要求,在一定程度上,其检测精度和速度对跟踪精度和跟踪速度有影响。

3. 人工智能控制法

模糊逻辑控制法是一种基于模糊逻辑的最大功率点跟踪控制方法,通常,通过模糊化、模糊规则评价和解模糊三个步骤可以实现模糊逻辑控制。

神经网络法是一种将神经网络的思想运用在最大功率点跟踪上的控制方法,通常神经网络由三层组成,分别为输入层、隐含层和输出层。

滑模控制法是一种滑模运动 MPPT 控制法,利用高速开关在有限时间内驱动控制系统的状态轨迹到达并稳定地保持在预先设计的状态空间曲面上。

每种算法都有最佳应用场合和优缺点,所以 MPPT 控制很有可能朝着互相融合的方向发展。随着光伏发电系统广泛应用和装机容量的不断壮大,MPPT 算法的跟踪效果、跟踪速度、跟踪精度以及光伏系统转化效率的提高是未来的研究重点和发展趋势。

综上所述,国内外对光伏发电系统 MPPT 控制方法的研究,主要体现在:现有的 MPPT 控制方法分为"基于参数选择方式的间接控制法"、"基于采样数据的直接控制法"和"人工智能控制法"。这些方法是基于最大功率点的实时追踪及控制,很难同时满足 MPPT 方法的评价指标要求。因此,本书根据 MPPT 方法的评价指标要求,研究并提出一种适合 CdTe 薄膜太阳能电池发电系统的 MPPT 逻辑控制算法。

1.3 本书主要研究内容和技术路线

本书在湖北省教育厅科学技术研究计划项目"基于碲化镉太阳能电池最大功率点跟踪系统的研究与设计"(B2017308,主持)、湖北省过程控制与先进装备制造协同创新中心2016年度重点项目"风光互补发电实训平台的产业化"(HX2016A1001,主持)、湖北省教育厅科学技术研究计划项目"太阳能光伏发电最大功率点跟踪技术的研究"(B2014117,主持)、湖北省过程控制与先进装备制造协同创新中心2013年度重点项目"风光互补发电实训平台的研制"(HX2013A1002,主持)和国家自然科学基金面上项目"高转换效率CdTe薄膜太阳能电池关键科学问题及电池制备"(51272247)的支持和资助下,选择CdTe薄膜太阳能电池发电系统为研究对象,针对光伏发电系统关键技术问题进行研究,通过对CdTe薄膜太阳能电池性能与MPPT控制方法进行研究,建立CdTe薄膜太阳能电池工程仿真模型用以优化设计方案,提出一种适合CdTe薄膜太阳能电池发电系统的MPPT逻辑控制算法,提高了光伏发电系统的稳定性和发电效率。

开路电压、短路电流、填充因子与转化效率是判断电池光电转换性能的主要参数。要想得到转换效率高的薄膜太阳能电池,就需要优化和改进电池制备的各个环节,解决制约电池性能提高的关键问题。为了使CdTe薄膜太阳能电池发电系统的稳定性和发电效率最大限度提高,达到CdTe薄膜太阳能电池的转换效率最优的效果,同时降低CdTe薄膜太阳能电池的制造成本是CdTe薄膜太阳能电池发电系统得到广泛应用的首要问题。因此,制备高转换效率的CdTe薄膜太阳能电池和最大功率点跟踪(MPPT)控制方法成为CdTe薄膜太阳能电池发电系统的两个关键问题。

针对关键问题一"制备高转换效率的CdTe薄膜太阳能电池":CdTe薄膜太阳能电池的性能好坏直接影响其转换效率的高低。在CdTe薄膜太阳能电池制备过程中,通过掺杂Cu能提高CdTe薄膜载流子浓度来提高其转换效率。掺杂Cu的厚度在一定范围内,电池的转换效率随厚度的增加而提高;当Cu掺杂的厚度超过一定范围后,电池的转换效率开始降低。因此,定量分析杂质Cu对电池性能和稳定性的影响是CdTe薄膜太阳能电池制备中要解决的关键技术之一。

目前CdTe材料和CdTe薄膜太阳能电池的基础研究相对较少,CdTe薄膜太阳能电池制造的许多工艺程序都是基于实证经验。目前,几乎所有的CdTe太阳能电池效率和性能参数都是在标准光照强度1 000 W/m²和温度25 ℃(简称"STC")下进行的测试和分析,而户外的阳光光照强度通常变化范围是100～1 000 W/m²,甚至在日升日落的时候光照强度更低。因此,研究弱光下的CdTe太阳能电池的性能是本书需要解决的关键技术之二。

针对关键问题二"MPPT控制方法":在设计CdTe薄膜太阳能电池发电系统过程中,通过建立CdTe薄膜太阳能电池发电系统的工程仿真模型,不但可以使设计过程和设计方案得到优化,而且能提高整个光伏发电系统的可靠性和发电效率。CdTe薄膜太阳能电池发电系统的核心部件是CdTe薄膜太阳能电池。因此,对CdTe薄膜太阳能电池进行研究并构建任意太阳光强和温度条件下的CdTe薄膜太阳能电池工程模型,应用Matlab/Simulink建立其仿真模型并仿真研究 CdTe 薄膜太阳能电池的输出特性,其研究成果是研究 MPPT 控制方法的基础,也是本书需要解决的关键技术之三。

太阳能电池产生的电能必须引出到外电路才能被人所利用,但是太阳能电池输出的电压不是恒定电压,太阳能电池的输出特性随着外部负载的变化而变化。CdTe 薄膜太阳能电池发电系统是典型的非线性系统,其输出功率受光照强度、环境温度和负载情况的影响。不同光照和温度情况下会输出不同的电压值,但只有在某一点时光伏系统的输出功率才会达到最大(MPP)。通常通过测量太阳能电池在不同工况下的输出电压与输出电流的大小来描述太阳能电池的输出特性。如何充分利用光伏电池的能量,提高光伏发电系统工作效率,一个重要的路径就是实时调整并保证 CdTe 薄膜太阳能电池始终工作在最大功率点附近。

MPPT 方法的评价指标有:(1)控制算法复杂度,即控制算法是否精准,实现是否困难;(2)系统稳态运行效率,即稳态运行时 MPPT 控制精度问题;(3)系统抗干扰能力,即出现误判或外界不确定因素所带来的干扰;(4)动态响应能力,即 MPP 变化时的跟踪速度。

现有的 MPPT 控制方法有"基于参数选择方式的间接控制法"、"基于采样数据的直接控制法"和"人工智能控制法"。这些方法是基于最大功率点的实时追踪及控制,很难同时满足 MPPT 方法的评价指标要求。因此,根据 MPPT 方法的评价指标要求,研究并提出一种适合 CdTe 薄膜太阳能电池发电系统的 MPPT 逻辑控制算法,也是本书需要解决的关键技术之四。

为了验证理论研究成果,需要构建 CdTe 薄膜太阳能电池发电试验平台,通过试验验证高转换效率的 CdTe 薄膜太阳能电池发电系统以及 MPPT 对 CdTe 薄膜太阳能电池板输出功率的控制效果。

研究成果一方面为 CdTe 薄膜太阳能电池的设计和制备,另一方面为 CdTe 薄膜太阳能电池发电系统的开发奠定理论和技术基础。

研究技术路线如图 1-1 所示。本书主要研究内容及章节安排如下:

第 1 章 绪论。本书研究背景及意义、相关技术国内外研究现状,提出本书研究的关键技术、技术路线和章节安排等内容。

第 2 章 高转换效率 CdTe 薄膜太阳能电池性能研究。针对"高转换效率的 CdTe 薄膜太阳能电池性能"问题,通过掺杂 Cu 对 CdTe 薄膜太阳能电池性能影响的试验研究,提出了掺杂 Cu 来提高 CdTe 薄膜太阳能电池的转换效率方法;通过对 CdTe 薄膜太阳能电池的弱光性能的试验研究,发现 CdTe 薄膜太阳能电池是弱光下最好的光伏器件之一。研究成果指导 CdTe 薄膜太阳能电池的设计与制备。

第 3 章 CdTe 薄膜太阳能电池的工程模型与输出特性研究。基于单个 CdTe 薄膜太阳能电池的物理特性等效电路及数学模型,建立任意太阳光强和温度条件下的 CdTe 薄膜太阳能电池工程模型,应用 Matlab/Simulink 建立其仿真模型并仿真研究 CdTe 薄膜太阳能电池的输出特性。研究成果是研究 MPPT 控制方法的基础。

第 4 章 CdTe 薄膜太阳能电池发电系统的 MPPT 控制研究。根据 MPPT 方法的评价指标要求,以泛布尔代数为逻辑基础,研究并提出一种适合 CdTe 薄膜太阳能电池发电系统的 MPPT 逻辑控制算法。对 CdTe 薄膜太阳能电池 MPPT 逻辑控制方法进行仿真,并与电导增量法 MPPT 方法进行比较,验证 CdTe 薄膜太阳能电池 MPPT 逻辑控制方法的动态性能和稳态性能。研究成果为 CdTe 薄膜太阳能电池发电系统的开发奠定理论基础。

第 5 章 CdTe 薄膜太阳能电池发电系统 MPPT 控制试验研究。研制 CdTe 薄膜太阳能电池发电系统开发平台,通过试验验证高转换效率的 CdTe 薄膜太阳能电池发电系统 MPPT 对 CdTe 薄膜太阳能电池输出功率的控制效果。

第 6 章 总结与展望。对全书工作进行总结,讨论未来深入研究的方向。

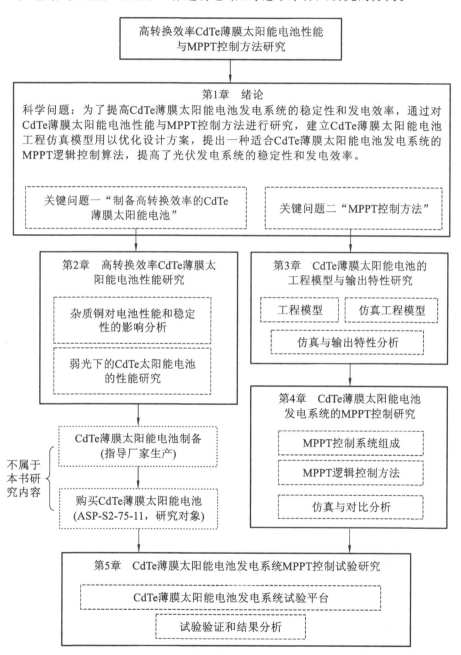

图 1-1　本书研究技术路线

第②章 高转换效率 CdTe 薄膜太阳能电池性能研究

CdTe 薄膜太阳能电池性能的优劣,对 CdTe 薄膜太阳能电池光伏发电系统的效率和商业应用有直接影响。因此,深入研究高转换效率的 CdTe 薄膜太阳能电池性能,是 CdTe 薄膜太阳能电池光伏发电系统应用中需要解决的关键技术问题之一。

本章以 CdTe 薄膜太阳能电池为研究对象,对 CdTe 薄膜太阳能电池的结构与光电转换、掺杂 Cu 对 CdTe 太阳能电池性能的影响以及弱光下 CdTe 太阳能电池的性能进行研究。薄膜太阳能电池在地球表面接收到的最大太阳光辐射功率为 AM1.5,即 1 000 W/m²。但地球表面设置的太阳能电池光伏发电系统一般是在小于 AM1.5 辐射情况下工作的,早上和傍晚的太阳光辐射功率远远小于一个太阳功率,因此,研究弱光下 CdTe 太阳能电池的性能,有着重要的实际应用意义。

 ## 2.1 CdTe 薄膜太阳能电池的结构与光电转换原理

CdTe 薄膜太阳能电池是一种以 P-型 CdTe 和 N-型 CdS 所形成的异质结为基础的薄膜太阳能电池,CdTe 薄膜太阳能电池属于第二代太阳能电池,是性价比很高的光电转换器件。CdTe 薄膜太阳能电池在实验室理想情况下,转换效率可以达到 22.1%,其在实际商业化应用中的转换效率可以达到 18.6%。高转换效率的 CdTe 薄膜太阳能电池填充因子可以达到 0.75。CdTe 薄膜太阳能电池的制造工艺非常通用,能耗低,生产成本明显低于晶体硅和其他材料的太阳能电池,有效使用周期长,可回收利用。

2.1.1 CdTe 材料与太阳能电池的特点

CdTe 材料与基于 CdTe 薄膜的太阳能电池有以下优点。

(1) CdTe 是直接带隙材料和Ⅱ-Ⅵ族化合物半导体,可见光区吸收系数超过 10^4 cm^{-1}。1 μm 厚度的 CdTe 能吸收波长小于 826 nm 的 99% 的可见光,厚度仅为单晶硅的 1/100。用 CdTe 材料制备的薄膜电池,能够显著减少吸收层材料的用量,降低成本和能耗。

(2) CdTe 带隙宽度为 1.45 eV,与太阳光谱匹配完美,是非常理想的太阳能电池材料。

(3) CdTe 是一种二元化合物材料,Cd-Te 化学键的键能高达 5.7 eV,是镉元素在自然界中最稳定的化学形态。CdTe 在常温下的化学性质稳定,熔点为 321 ℃,CdTe 不溶于水,使用过程中安全稳定。

(4) CdTe 材料具有很宽的生产工艺窗口,用该材料制备薄膜的过程中对环境温度不敏感,所以产品的均匀性和良品率都能得到保证,非常适合太阳能电池工业化大规模生产。

(5) 在真空环境中,CdTe 在 400 ℃ 以上时会出现升华,直接通过固体表面形成蒸气;CdTe 在 400 ℃ 以下或气压升高时,升华现象快速减弱,凝聚成固体。该特点便于真空环境下薄膜的快速制备且安全性高。因为一旦设备的真空或高温环境被破坏,CdTe 蒸气会迅速凝结成固体颗粒,不会扩散,并且可以回收再利用。

（6）就器件本身而言,CdTe薄膜太阳能电池的温度系数小,在弱光条件下性能优良。功率相同的CdTe薄膜与晶硅太阳能电池相比,在相同温度和光照强度下,平均全年可多发5%～10%的电能。

CdTe材料物理特性上的不足如下。

（1）CdTe的自补偿效应很强烈,Cd空位作为CdTe的本征缺陷,对其他掺杂元素带来的缺陷有重要的补偿作用。CdTe与硅半导体相比,不能通过掺入杂质元素来提高载流子浓度,改变电学性能。

（2）CdTe功函数高达5.7 eV,对材料要求很高,需要极高功函数的背电极材料才能与之形成良好的欧姆接触。

2.1.2 CdTe薄膜太阳能电池的结构

CdTe薄膜太阳能电池是在玻璃衬底上依次沉积多层薄膜而生成的。一般标准的CdTe太阳能电池由5至7层不同薄膜材料组成。高效CdTe薄膜太阳能电池的结构示意图如图2-1所示。

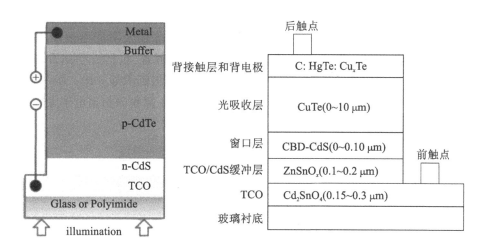

图2-1 高效CdTe薄膜太阳能电池的结构

CdTe薄膜太阳能电池的结构组成及特点如下。

1. 玻璃衬底

玻璃衬底主要用来支撑太阳能电池,同时防止粉尘污染,阻隔空气中的水分和氧气等对电池器件的腐蚀老化。对CdTe薄膜太阳能电池来说,由于采用的是上衬底结构,即太阳光从玻璃衬底处入射,因此玻璃衬底起着透射入射太阳光的作用,要求玻璃衬底的透光率越高越好。目前市场上镀有导电玻璃的玻璃衬底的透光率一般在80%以上。如果对导电玻璃的导电性要求不高,则导电玻璃的透光率可以达到90%。

2. 前电极TCO层

前电极TCO层又称透明导电氧化层(transparent conductive oxide),主要起透光、传导和收集电荷的作用。现有的导电氧化物以掺锡的氧化铟薄膜(ITO薄膜),或者掺氟的氧化锡薄膜(FTO 薄膜)为主。

3. 窗口层和光吸收层

CdTe 薄膜太阳能电池的窗口层是 N 型半导体 CdS 薄膜。CdS 与 P-型 CdTe 组成 P-N 结;CdS 与 P-型 CdTe 同为 Ⅱ-Ⅵ 族化合物半导体材料,因此,它们组成 P-N 结的化学兼容性比较好。在历史上,对于高转换效率的 CdTe 薄膜太阳能电池的转换效率的提高,利用 CdS 薄膜作为 N 型窗口层是关键的一步进展。CdS 材料的禁带宽度为 2.41 eV,因此 CdS 不吸收大部分太阳光,但对于小于 510 nm 波长的光有比较强烈的吸收。为了减少光在 CdS 薄膜中的吸收损失,目前采取的最有效的方法是减少 CdS 薄膜的厚度。CdS 薄膜作为窗口层,其厚度一般在 100 nm。厚度太薄,虽然降低了光的吸收,但 CdS 与 CdTe 组成的 P-N 结质量会变差,在 P-N 结处极易形成微观空洞,造成电池器件性能的下降。因此,CdS 薄膜的厚度不能太薄。CdTe 是 CdTe 薄膜太阳能电池的光吸收层,与 N 型 CdS 窗口层形成的 P-N 结是整个电池的核心。CdTe 的禁带宽度为 1.45 eV,和太阳光的匹配非常好,且其为直接带隙半导体,因此是非常理想的太阳光谱吸收材料。基于以上原因,CdTe 作为薄膜太阳能电池的光吸收层,其厚度是微米量级,所以,CdTe 薄膜太阳能电池的材料消耗与传统晶硅太阳能电池相比,材料成本非常低。传统晶硅太阳能电池的硅材料的厚度在 200 μm,因此 CdTe 薄膜太阳能电池的厚度,只有晶硅电池厚度的百分之一。这也是 CdTe 薄膜太阳能电池在光伏市场上,具有很强的竞争力的主要原因。CdTe 薄膜太阳能电池使用的是多晶 CdTe 薄膜,高质量的 CdTe 薄膜,可以通过多种制备方法制备,包括近空间升华法(close-spaced sublimation)、气相输运法、电化学沉积、金属有机气相沉积等方法。本书中的 CdTe 薄膜是利用近空间升华法制备的。窗口层 CdS 和多晶 CdTe 薄膜的扫描电子显微镜微观结构如图 2-2 和图 2-3 所示。

图 2-2 窗口层 CdS 断面 SEM 图

4. 背接触层和背电极

背接触层和背电极是为了降低 CdTe 和金属电极的接触势垒,使两者之间形成良好的欧姆接触。良好欧姆接触的形成有两个条件:①半导体和金属电极之间有低的势垒高度;②半导体接触界面处掺入高浓度的杂质。一般高功函数金属与 P-型半导体、低功函数金属与 N-型半导体能形成良好的欧姆接触。高浓度的掺杂能有效地降低能垒的宽度,能有效保证载流子在金属/半导体界面的隧穿。CdTe 半导体材料由于以下原因,很难和金属形成低

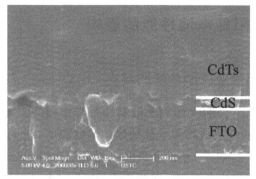
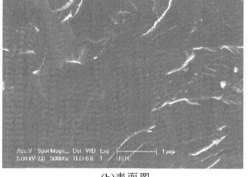

(a)截面图　　　　　　　　　　　　　　(b)表面图

图 2-3　光吸收层 CdTe 扫描电镜截面图及表面图

能垒的背接触：①CdTe 半导体材料的功函数高达 5.7 eV,几乎没有任何金属能和其形成欧姆接触；②CdTe 半导体材料具有非常强的自补偿效应,即很难进行高浓度的 P 型掺杂,因此很难在 CdTe 薄膜表面通过杂质扩散,形成高掺杂浓度的表面层。目前,在世界范围内,公认的获得较低背接触层的方法是,在 CdTe 半导体薄膜表面蒸镀一层几个纳米厚度的 Cu,通过热处理,形成一重度掺杂的 Cu_xTe 二元化合物,该化合物可以和金属形成较低势垒的准欧姆接触,势垒高度在 0.3~0.5 eV。这样的势垒高度,对电池转换效率的影响已经比较小。Cu_xTe 中的 Te 元素,通过在 CdTe 薄膜表面上进行化学刻蚀得到,刻蚀主要是采用磷酸和硝酸的混合液实现,也可以用掺溴的甲醇溶液进行刻蚀。前者刻蚀速度较快,不容易对薄膜表面的刻蚀进行精确控制,因此,很多实验室利用掺溴的甲醇溶液进行刻蚀。CdTe 薄膜太阳能电池的金属电极,可以采用金、银、镍、钼等。最为关键的是获得低能垒接触层,金属电极几乎不对电池性能造成影响。

　　如上所述,Cu 可以对 CdTe 薄膜表面进行有效的 P 型掺杂,和金属电极形成较好的欧姆接触,易于制备高转换效率的太阳能电池。但 Cu 在 CdTe 薄膜材料中极易扩散,它可以沿着多晶薄膜的晶界或者通过晶粒的晶格进行扩散,这种扩散即使在室温下,也比较容易进行。如果 Cu 扩散到 CdS/CdTe P-N 结处,Cu 起着深能级复合中心的作用,会对电池性能造成严重影响。因此,本章节中,我们人为在 CdS 窗口层进行不同 Cu 杂质含量的掺杂,研究 Cu 杂质含量对电池器件的性能影响。为了阻止 Cu 从背接触层,向 CdS/CdTe P-N 结处扩散,可以适量减少 Cu 掺杂浓度,或者在 Cu 和 CdTe 薄膜之间,插入一层高功函数的过渡金属氧化物薄膜,如 Mo_xO_3、CuO、NiO 或者 V_2O_5 等。

2.1.3　CdTe 太阳能电池的光电转换原理

　　在玻璃衬底上,依次沉积 TCO 薄膜、N-型 CdS 薄膜、P-型 CdTe 薄膜和背接触层。

　　太阳光通过玻璃衬底照射电池,光子透过 TCO 薄膜与 N-型 CdS 薄膜,进入 P-型 CdTe 薄膜。CdTe 薄膜是电池最主要的吸光层,与 N-型 CdS 薄膜形成 P-N 结,光照产生电子-空穴对,电子在内建电场的驱动下进入 N-型 CdS 薄膜,空穴穿过 CdTe 薄膜到达背接触层后离开电池而产生电力。CdTe 薄膜厚度为 $1\sim2~\mu m$ 时,最佳吸收光照的波长低于 800 nm。

2.2 掺杂Cu对CdTe薄膜太阳能电池性能的影响

2.2.1 掺杂Cu对CdTe薄膜太阳能电池性能影响的实验平台

Cu作为一种关键的背接触掺杂元素在CdTe薄膜太阳能电池制备过程中得到广泛关注。Cu在CdTe薄膜中形成的缺陷有施主缺陷、受主缺陷和本征缺陷。研究表明,CdTe薄膜中最有可能与Cu相关的缺陷为施主缺陷Cu_i^{2+},如果Cu扩散到P-N结处,该缺陷主要集中在CdTe/CdS薄膜附近。Cu的受主缺陷主要集中在CdTe薄膜内部,两者均来自背接触中Cu的制备层。制备Cu掺杂背电极的工艺:先进行CdTe薄膜表面化学蚀刻处理,CdTe薄膜的蚀刻会使CdTe薄膜表面形成一层富Te层,背电极中的Cu与富Te层中的Te发生化学反应后生成Cu_{2-x}Te层,可以实现将CdTe的背电极附近的掺杂浓度提高,达到降低背接触肖特基势垒的高度与厚度的目的。

一方面背电极中Cu掺杂使得CdTe靠近背电极端的导带和价带都有向上弯曲的趋势,导致背接触肖特基势垒的高度下降;另一方面背电极中Cu掺杂浓度的提高引起靠近背电极端的导带和价带弯曲的曲率变大,导致背接触肖特基势垒的宽度变窄。由此可见,背电极中Cu掺杂能消除背接触势垒,提高CdTe薄膜载流子浓度,对提高电池的转换效率有正面的影响。但是Cu沿着晶界扩散到达窗口层,会对电池的稳定性造成一定的负面影响。

沉积在CdTe薄膜表面Cu掺杂层的厚度,在一定范围内,随着Cu厚度的增加,在CdTe薄膜中P-型掺杂的浓度增大,降低了背接触肖特基势垒高度和厚度,实现了电池转换效率的提高。超过该范围,随着Cu厚度的增加,电池的转换效率降低。

本实验掺杂Cu的研究,我们人为地将Cu掺杂到CdS薄膜中,以研究Cu对CdS薄膜微观结构和光电特性的影响;同时,采用Cu掺杂CdS薄膜作为窗口层,可以研究Cu掺杂对CdTe太阳能电池器件结构和性能的影响,特别是,可以来探究CdS/CdTe P-N结附近的杂质Cu对异质结微观结构、电池性能和稳定性的影响。

掺杂Cu对CdTe薄膜太阳能电池性能影响的实验平台如图2-4所示。该实验设备主要由两部分组成:DF-101S集热式恒温加热磁力搅拌器(郑州长城科工贸有限公司)和反应溶液与衬底样品所在的玻璃容器。取一定量的乙酸镉、乙酸铜、乙酸铵和硫脲,依次放入盛有一定量去离子水的玻璃容器中,搅拌均匀,配成一定浓度的反应溶液,然后向溶液中滴入氨水,将pH值调节至9～10之间。Cu的掺杂浓度通过加入的乙酸铜的量来调控。溶液配制好后,将导电面朝内的玻璃衬底在聚四氟乙烯支架上固定之后放在玻璃容器中,接着将玻璃容器放入已加热至恒定温度的水浴锅中,立即将水浴锅中的磁力搅拌器开启,使磁子转动并保持一定转速,此时反应溶液的前驱物开始分解反应,在衬底表面反应生长。

2.2.2 掺杂Cu对CdS薄膜和CdTe电池性能影响的研究实验过程

1. 掺杂Cu的CdS薄膜制备

(1) CdS薄膜通过化学浴沉积(CBD)技术沉积在Glass/SnO₂:F(FTO)衬底上。

(2) 溶液由乙酸镉、乙酸铵、硫脲和去离子水组成。

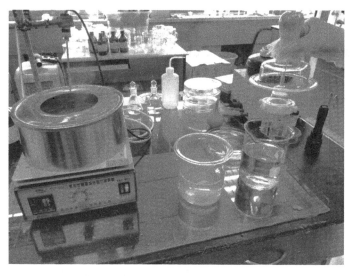

图 2-4　掺杂 Cu 对 CdTe 薄膜太阳能电池性能影响的实验平台

（3）添加一定数量的氨来改变溶液的 pH 值。

（4）通过添加附加的醋酸铜溶液来准备掺杂 Cu 的 CdS 薄膜。

（5）通过控制醋酸铜溶液的反应浓度（1×10^{-6} mol/L、3×10^{-6} mol/L 和 1×10^{-5} mol/L），制备不同掺杂 Cu 浓度的 CdS 薄膜。

2. 掺杂 Cu 的 CdS 薄膜的实验研究方案

（1）掺杂 Cu 的 CdS 薄膜中 Cu/Cd 的原子比例分别为 0.1%、0.3%、0.5%、1.5% 和 5%。

（2）薄膜沉积温度维持在 8 ℃并且薄膜生长时间为 30 min。

（3）CdS 前驱膜的热处理分为两种不同的方法，第一组在 400 ℃的大气中进行热处理，第二组用饱和 CdCl₂ 甲醇溶液浸涂后，再在 400 ℃的大气中进行热处理。

3. CdTe 太阳能电池的制备

本实验研究的 CdTe 太阳能电池器件，具有 Glass/FTO/n-CdS/p-CdTe/Cu-Au 的结构。CdTe 吸光层沉积是在自制的近空间升华（CSS）系统中，沉积在 Glass/FTO/CdS 衬底上。CdTe 膜的厚度为 $4 \sim 5$ μm。Glass/FTO/CdS/CdTe 的结构在 CdCl₂ 气体中进行热处理，然后在溴甲醇溶液中腐蚀 CdTe 薄膜的表面，最后在真空室中对 Cu 和 Au 进行连续热蒸发来制备 Cu-Au 双金属背电极。

4. CdTe 太阳能电池的性能测试与分析

（1）薄膜的微观结构采用场发射扫描电子显微镜来观察。

（2）薄膜的晶体结构用 X 射线衍射来分析。

（3）光学吸收/透射光谱由可见紫外和近红外光谱法测定。在室温下使用荧光谱仪（FLUOROLOG-3-TAU），进行 CdS 薄膜的光致发光（PL）测量。

（4）在标准 AM1.5 照明（1 kW/m²，25 ℃）条件下，使用太阳能模拟器测量太阳能电池电流电压（J-V）曲线。

2.2.3 掺杂 Cu 对 CdS 薄膜和 CdTe 电池性能影响的实验结果分析

1. 未掺 Cu 和掺杂 Cu 的 CdS 薄膜 X 射线衍射结构分析

Cu 掺杂浓度分别为 0.5%、1.5% 和 5.0% 条件下预制 CdS 薄膜和经过 CdCl$_2$ 退火后 CdS 薄膜 X 射线衍射光谱如图 2-5 所示。

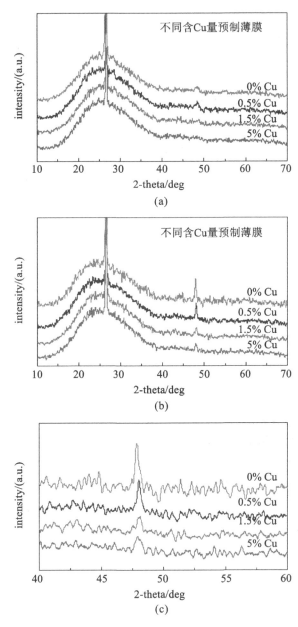

图 2-5　CdS 薄膜 X 射线衍射光谱

使用 Scherrer 公式,通过衍射角 2θ 来估计沉积的薄膜纳米晶的尺寸,CdS 薄膜的纳米晶尺寸对于不掺 Cu 和掺杂 0.5%、1.5%、5%Cu 的薄膜衍射角 2θ 分别为:26.74°、26.78°、26.81° 和 26.86°,对应的 CdS 晶粒大小分别为 31.6 nm、31.0 nm、28.0 nm、27.4 nm。

峰值位于 $2\theta=25.1°$ 和 $2\theta=26.7°$ 对应的散射为六方结构的 H(100) 和立方 C(111) 或六方 H(002) 原子面散射。由于立方和六方相中两个原子平面具有相同晶格间距,立方 C(111) 和六方 H(002) 的 XRD 散射无法识别。因此,角度为 $2\theta=26.7°$ 的峰值通常标定为 H(002)/C(111)。由图 2-5(a) 可以看出,增加 Cu 的掺杂浓度,与未掺杂样品相比,沉积的 CdS 薄膜的 H(002)/C(111) 峰值的 XRD 散射强度迅速下降。薄膜由达到 200 nm 的晶粒聚合体构成,这些大的聚合体是由 30 nm 尺寸的纳米级颗粒形成的,峰值宽度随着 Cu 掺杂浓度增加也增大,这是由于晶体结构无序和 Cu 掺杂造成的,如图 2-5 所示,这将在下面讨论。随着 Cu 掺杂浓度增加,峰值 H(002)/C(111) 位置逐渐从 26.76° 增加到 26.86°。Cu 原子的尺寸比 Cd 原子小,增加的 2θ 值表明,掺杂 Cu 取代了 Cd 原子或作为 CdS 晶格间隙原子存在。无掺杂 CdS 薄膜纳米晶的尺寸随着掺杂浓度的提高,从 31.6 nm 下降至 27.4 nm(5%Cu 掺杂薄膜)。由图 2-5(b) 可以观察到,CdCl$_2$ 退火热处理之后,六方结构 H(103) 特征峰值可以在所有的样品中看到,表明纳米晶粒发生了聚合且晶体质量提高了。

图 2-5(c) 显示了 XRD 光谱放大比例下的射峰值细节,可以看到 5%Cu 掺杂的薄膜 CdCl$_2$ 热处理之后,小峰位置与 Cu$_2$S H(102) 一致,表明在这个相对较高的掺杂水平,只是名义上的一部分掺杂 Cu 真正掺入 CdS 晶格中,其余的 Cu 与硫反应形成了 Cu$_2$S。从 XRD 数据计算 Cu 浓度的真正掺杂,名义上 0.5%、1.5% 和 5% 的 Cu 掺杂分别在 CdS 晶格中只有 0.45%、1.2% 和 2% 的实际 Cu 浓度。从图 2-5(c) 还可以看出,六方结构的 H(103) 特征峰值随着掺 Cu 量的增加,衍射强度快速下降,并且峰位移向较大的 2θ 角度,与主峰(111) 的峰位移动一致。峰的半高宽也变宽,说明随着掺 Cu 量的增加,晶粒尺寸减小,这与其他实验结果也一致。Cu 的掺杂量对退火过程中 CdS 纳米晶粒的重结晶影响比较显著。

2. CdS 薄膜的 SEM 图像结果分析

未掺杂 Cu 及掺杂 0.1% 和 0.3%Cu 的 CdS 预制薄膜和热处理后薄膜的 SEM 图像如图 2-6 所示。图 2-6(a)、(c) 和 (e) 显示了未处理的表面微观结构。纳米晶晶粒尺寸为 30 nm 左右,三个样品形态是相似的。CdCl$_2$ 退火热处理后,未掺杂的薄膜具有良好的结晶结构,尺寸为 50~150 nm,而 0.1% 和 0.3% 的掺杂的样品,颗粒尺寸变小,只有 30~50 nm。这清楚地表明,掺杂的 Cu 阻碍纳米颗粒在热处理过程中的聚合,扫描电镜微观结构的观察结果与上面讨论的 X 射线衍射数据是一致的。Cu 取代 Cd 形成 Cu$_{Cd}$ 或作为杂质存在于 CdS 中,其余的未掺杂 Cu 形成 Cu$_2$S。这些缺陷和 Cu$_2$S 的形成,在退火过程中阻碍了纳米晶体 CdS 的聚合长大。

掺杂的 Cu 原子在晶格中可能的位置,可以通过光致发光谱进行研究。杂质 Cu 可以替代 Cd 形成单价受主,或在 CdS 中作为间隙杂质来生成单价施主。材料的光致发光的光谱依赖于缺陷类型及其缺陷复合结构。

采用高晶体质量的硫化镉薄膜,在室温下我们可以很容易地得到有两个公认的光致发光光谱,一个是缺陷相关的发射峰,另一个是带边发射峰,其峰位在 2.35 eV 处。在室温下能够观察到比较强的带边峰,清楚地表明,CdCl$_2$ 退火热处理的无掺杂 CdS 薄膜具有很高的结晶质量。较宽的缺陷相关的带位于 1.5~2.0 eV 的 PL 峰,归因于缺陷能级之间的辐射,如 Cd 空位(V$_{Cd}$)、表面态、氯离子在 S 的晶格替代(Cl$_S$)、S 的空缺(V$_S$)、填隙原子 Cd(Cd$_i$),以及价带(VB)、杂质和受主杂质。在硫化镉中,硫空位 V$_S$ 具有相对低的形成能。因此,无

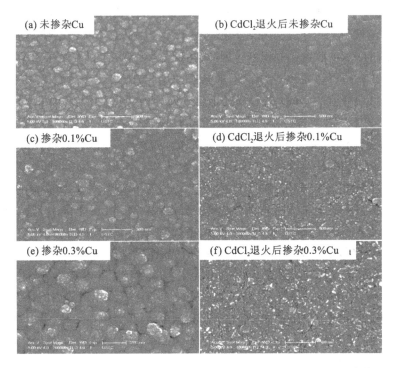

图 2-6　未掺杂 Cu 及掺杂 0.1％ Cu 和 0.3％ Cu 的 CdS 预制薄膜和热处理后薄膜的 SEM 图像

论是晶粒内部或在晶粒表面，V_S 的浓度是比较高的。在 PL 峰中，较强峰值在 1.76 eV 的峰，归因于发射所涉及的缺陷复合体 Cl_S-V_S。峰值在 1.52 eV、1.57 eV 和 1.64 eV 与 Cd 空位 V_{Cd} 和杂质能级或表面态到价带之间的跃迁发射有关。

　　为了研究掺杂 Cu 对缺陷结构变化的影响，我们测量了掺杂 0.1％、0.3％ 和 0.5％ Cu 的 CdS 薄膜 PL 光谱。发现 Cu 的掺杂对能量在 1.5 eV 到 1.7 eV 的缺陷相关的发射 PL 峰有很大的影响。随着 Cu 掺杂浓度的提高，与 Cd 空位相关的 PL 峰（1.53 eV）的峰强度值迅速下降。该 PL 峰来自受主-施主缺陷对之间的跃迁，与 Cd 空位缺陷相关。这一 Cd 空位相关的 PL 峰表明，掺杂的 Cu 形成了 Cu^+-V_{Cd} 复合缺陷和/或 Cu_{Cd} 缺陷态。这些结果表明在 CdS 中掺杂的 Cu，至少部分掺杂的 Cu，替代了 Cd 空位的晶格位置。随着 Cu 掺杂量增加而降低的与 V_{Cd} 相关的 PL 峰，表明在 CBD 沉积过程中，Cu 原子/离子占据了 V_{Cd} 格点。Cu 掺杂浓度越高，与 V_{Cd} 相关的 PL 峰就越低。随着 Cu 掺杂量的增加，带边相关的发射峰的宽度略有增大，表明硫化镉晶体的晶格畸变增加。随着 Cu 掺杂量增加，对掺 Cu 量为 0.3％ 和 0.5％ 的样品，带边发射峰位从 2.35 eV 变为 2.39 eV。掺杂 Cu 后 CdS 能带带隙的增加，可以归因于晶体尺寸的下降，如图 2-6 所示的 SEM 图像，这是因为量子限制效应导致能带增大。本研究所观察到的实验结果与报道的数据是相似的。Cu_2S 和/或 Cu-S 键的形成增加了 CdS 沉积过程中晶体结晶成核密度，从而降低了 CdS 纳米晶粒的尺寸。

　　Cu 在 CdS 晶体中通常有两种可能的晶格位置，一种是作为施主态的间隙 Cu_i，另一种是受主态的取代 Cd 的 Cu_{Cd} 替代杂质。Cu_{Cd} 形成能低于 Cu_i。Cu^+ 的离子半径是 0.96 Å，Cd^{2+} 的离子半径是 0.97 Å，这两个值很接近，因此，Cu_{Cd} 比 Cu_i 在 CdS 里更容易形成。

3. 掺杂 Cu 对 CdS/CdTe 电池性能的影响

　　对于 CdTe 薄膜太阳能电池，应用于背接触的 Cu 元素扩散到 CdTe，并有可能扩散到窗口层 CdS。CdS 和 CdS/CdTe 结中 Cu 的存在会对太阳能电池性能和器件的稳定性产生较大的影响。为了研究窗口层 CdS 中 Cu 杂质对 CdTe 太阳能电池的影响,制备了不同 Cu 掺杂浓度的 CdS 薄膜的 CdTe 太阳能电池,电池结构为 Glass/FTO/CdS:Cu/CdTe/Cu-Au 结构。这些电池中,电池 CdS 窗口层 Cu 的掺杂浓度为 0.1%、0.3%、0.5%、1.5% 和 5%。电池的各项参数,分别列在相应的电流-电压曲线下方。在 AM 1.5 标准光照下的电流电压 J-V 曲线如图 2-7 所示。

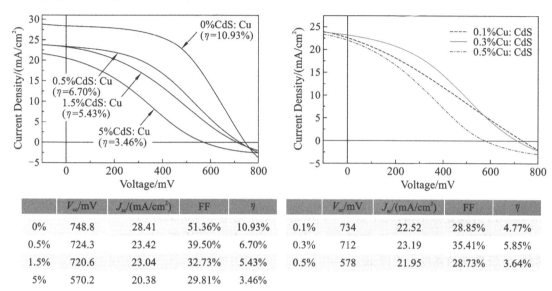

	V_{oc}/mV	J_{sc}/(mA/cm^2)	FF	η		V_{oc}/mV	J_{sc}/(mA/cm^2)	FF	η
0%	748.8	28.41	51.36%	10.93%	0.1%	734	22.52	28.85%	4.77%
0.5%	724.3	23.42	39.50%	6.70%	0.3%	712	23.19	35.41%	5.85%
1.5%	720.6	23.04	32.73%	5.43%	0.5%	578	21.95	28.73%	3.64%
5%	570.2	20.38	29.81%	3.46%					

图 2-7　窗口层 CdS 薄膜中掺杂不同浓度 Cu 的 CdTe 电池电流-电压曲线

除了 CdS 窗口层掺杂了不同 Cu 浓度外,所有的 CdTe 太阳能电池都是用相同的器件处理工艺制备。可以看出,随着 Cu 掺杂浓度的提高,电池性能急剧恶化。开路电压(V_{oc})和填充因子(FF)随着 Cu 掺杂浓度的增加而迅速下降。这是由于 P-N 结附近的电荷复合增加和 P-N 结结晶质量的恶化引起的,杂质 Cu 是有效的载流子复合中心。短路电流的变化不像 V_{oc} 和 FF 那样受 Cu 掺杂的影响。随着 Cu 掺杂浓度的增加,串联电阻和分流电阻分别增加和减少,导致了填充因子的急剧下降。随着 Cu 掺杂的增加,J-V 曲线的形状在接近开路电压的高电压处发生翻转现象。CdS 窗口层掺杂 Cu 杂质的 CdTe 电池性能的恶化,是由 CdS 中的杂质 Cu 和相对低质量的 CdS/CdTe 结引起的,掺杂 Cu 对 CdTe 电池结构的影响 SEM 图像如图 2-8 所示。

与没有掺杂 Cu 的 CdS 薄膜相比,随着在 CdS 中 Cu 掺杂的增加,经过 CdCl$_2$ 退火后的 CdS 质量变得更差。这导致 P-N 结结晶质量变差,如图 2-8(b)所示。CdS 窗口层没有掺杂 Cu 的 CdS/CdTe 结,显示的是密集结合的异质界面,在界面处几乎没有微孔(pinhole)的形成,如图 2-8(a)所示。然而,对于 CdS:Cu 窗口层,在 CdS/CdTe P-N 结界面,有高密度的针孔形成。微孔的存在影响光生载流子的传输,同时也减小了界面处的电场强度,这对载流子的分离和运输是不利的。

2.2.4　掺杂 Cu 对 CdS 薄膜和 CdTe 太阳能电池性能影响结论

本研究人为地对 CdTe 电池的窗口层 CdS 薄膜进行了不同浓度的 Cu 掺杂,研究了掺杂

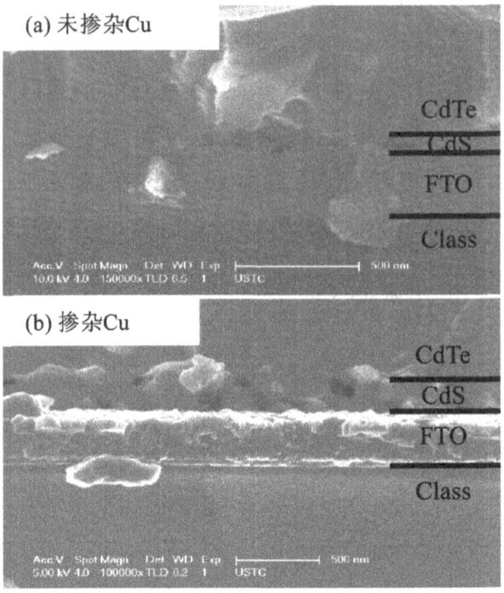

(a) 未掺杂Cu

CdTe
CdS
FTO
Class

(b) 掺杂Cu

CdTe
CdS
FTO
Class

图 2-8　掺杂 Cu 对 CdS/CdTe P-N 结界面形成和界面质量的影响（截面 SEM 图像）

Cu 对 CdS 薄膜显微结构、光学以及 CdTe 薄膜太阳能电池性能的影响。

（1）对于 Cu 掺杂的 CdS 薄膜，不论是对于在空气中热处理，还是经过 CdCl$_2$ 退火后的薄膜，导致发光的强度大大降低。

（2）点缺陷 V_{Cd} 和表面态相关的 PL 峰强度降低，这归因于掺杂 Cu 在 V_{Cd} 的占位替代。

（3）Cu 原子/离子的存在阻碍了纳米晶 CdS 薄膜中晶粒在空气和 CdCl$_2$ 热处理期间的再结晶和晶粒融合结合。

（4）Cu 掺杂 CdS 窗口层的 CdTe 薄膜太阳能电池的填充因子和开路电压大幅下降，这是载流子在 P-N 结附近复合增强以及 P-N 结结晶质量的下降导致的。

（5）变温电流-电压曲线测试结果表明，在 CdS 窗口层中的杂质 Cu 原子/离子是不稳定的，在高温下杂质 Cu 原子/离子会较容易地在薄膜中扩散运动。证实了 Cu 的存在确实是 CdTe 太阳能电池器件不稳定的一个重要因素。

2.3　弱光下 CdTe 薄膜太阳能电池的性能研究

2.3.1　弱光下 CdTe 太阳能电池的性能研究

对于具有高于带隙的能量的光子，CdTe 具有 1.45 eV 的几乎理想的直接带隙和高达 10^5 cm^{-1} 的吸收系数，是制备低成本薄膜太阳能电池的有效半导体材料。在光照强度为 1 000 W/m^2 的 AM1.5 太阳光谱的标准测试条件（standard test condition，STC）下，CdS/CdTe 异质结太阳能电池的最高转换效率为 22.1%。CdTe 太阳能电池是已经商业化的薄膜太阳能电池之一。在商业光伏市场上，已经成功地对以晶硅太阳能电池产品为主的市场形成了竞争性的挑战。然而，由于科学界对 CdTe 材料和 CdTe 太阳能电池的基础研究相对较少，CdTe 太阳能电池制备的许多工艺程序都是基于经验性的结论。目前，几乎所有的

CdTe 太阳能电池效率都是在 STC 下测试的。因此,优化的太阳能电池的制造工艺,都是基于 STC 下的电池性能。实际上,标准的 AM1.5 照明辐照度并不是户外太阳能电池组件,在大多数情况下接收到的太阳辐射强度。户外的阳光光照强度通常只有 $100 \sim 1\,000$ W/m² ,在日出和日落时间段,光照强度甚至更低。室内光伏产品,接收到的弱光强度只有 $1 \sim 10$ W/m² 甚至更低。因此,在 STC 测试下得到的太阳能电池的效率及其他性能参数,用于弱光下的电池性能分析,并不具有可靠的参考价值。

从上述讨论可以看出,在低光辐照强度 E_{irra} 下的太阳能电池的研究,实际上比在 STC 下的测试,对实际电池组件的应用更为重要。对于由单片连接的单元电池制成的薄膜太阳能电池模块尤其如此。本书对于弱光下 CdTe 薄膜太阳能电池的性能研究表明:CdTe 薄膜太阳能电池的弱光性能对于特定的微观结构和特定的微观电流分流路径,非常敏感。如果单个单元电池在 STC 测试下,具有几乎相同的器件性能,但在弱光辐照下的性能差异很大,则该模块的效率要低于名义上的组件效率。低光辐照强度下的太阳能电池性能,主要取决于不同电池制备技术、电池供应商和电池类型,如单晶、多晶或非晶半导体材料制备而成的电池组件,在光照辐射条件下,光电流非常低,由于串联电阻上的电压降小,串联电阻的影响相对较小。另一方面,如果光照辐射非常弱,分流电阻的影响就起着重要的作用,并且分流电流与光电流相比,其数值可能达到非常可观的量。对薄膜 $CuIn_xGa_{1-x}Se_2$ 太阳能电池的研究表明,分流电阻对低光照辐射下的电池效率具有很大的影响。在高强度光照下对 CdTe 薄膜太阳能电池的研究表明,电池前电极的电阻是 CdTe 太阳能电池在聚光照射下转换效率的限制因素。

在下面的实验研究中,在低光照辐射下分析 CdTe 太阳能电池器件的性能,利用电路等效模型来拟合电流-电压曲线,对来自不同的电流分流机制的贡献做了充分的考虑。分析了不同分流路径/机制的影响,包括空间电荷限制电流、弱二极管的影响,以及欧姆和非欧姆分流对电池性能的影响。

2.3.2 弱光下 CdTe 太阳能电池的性能研究测试平台

本实验制备的 CdTe 太阳能电池结构为:Glass/SnO₂ : F(FTO)/n-CdS/p-CdTe/背接触电极。通过化学浴沉积(CBD)制备技术,由去离子水、乙酸镉、乙酸铵和硫脲组成的溶液中,在玻璃/FTO 基板上沉积制备厚度为 $0 \sim 80$ nm 的 CdS 窗口层。在 FTO 和 CdS 层之间没有沉积本征的氧化锡中间层。制备的高结晶质量的 CdS 薄膜和 CdTe 薄膜断面 SEM 图如图 2-9 所示。

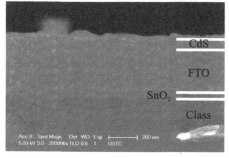
(a)高结晶质量的CdS薄膜

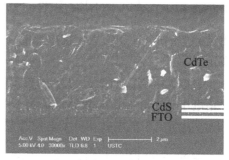
(b)CdTe薄膜

图 2-9　高结晶质量的 CdS 薄膜和 CdTe 薄膜断面 SEM 图

图 2-9(a)所示的高结晶 CdS 窗口层薄膜是在 CdCl$_2$ 气氛中进行热处理后制备的。通过自制的近空间升华(close spaced sublimation,CSS)薄膜沉积系统,沉积厚度为 4 μm 的 CdTe 光吸收层薄膜。图 2-9(b)是实验室制备的高结晶质量 CdTe 薄膜的 SEM 截面微观结构。可以看出,CdTe 膜具有优异的结晶度,具有大的垂直方向生长的多晶晶粒。大多数 CdTe 晶粒优先沿着膜的法线方向生长,这对于制造高转换效率的 CdTe 太阳能电池是非常有利的。制备背电极接触前,在 CdTe 表面上预先沉积一层 CdCl$_2$ 薄层,再在空气中热处理,然后,在硝酸磷酸混合溶液中蚀刻电池结构,即 Glass/SnO$_2$:F(FTO)/n-CdS/p-CdTe。本研究中的背电极接触是 Cu/Au 双金属层。

弱光下 CdTe 太阳能电池的性能测试平台如图 2-10 所示。该测试平台主要由标准太阳光模拟器(Oriel Sol 3A,美国)、中性滤光片(Thorlabs NDK01,美国)、自制小型暗室和电脑组成。标准太阳光由太阳光模拟器提供,通过中性滤光片获得的入射光光照强度降低,但是光谱与大气质量 AM1.5 对应的光谱相同,中性滤光片放在小型暗室的顶部支架上,CdTe 薄膜太阳能电池放在中性滤光片的正下方,这时的入射光是小型暗室内 CdTe 薄膜太阳能电池的唯一光源,得到的光照强度以单晶硅标准电池进行标定。

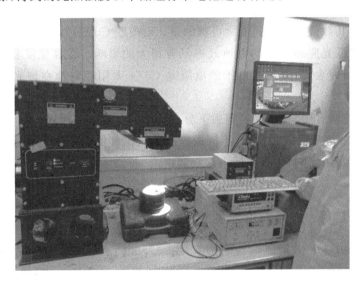

图 2-10 弱光下 CdTe 太阳能电池的性能测试平台

2.3.3 弱光下 CdTe 太阳能电池的性能测试结果

测量的 1-sun 下 CdTe 太阳能电池的 J-U 曲线和不同的光照强度下的 J-U 曲线,如图 2-11 所示。

图 2-11(b)中,J-U 曲线上的圆点表示最大功率点。在 1-sun 光照度下,CdTe 太阳能电池的开路电压为 786.2 mV,短路电流为 24.7 mA/cm²,填充因子为 67.5%,能量转换效率为 13.1%,表明太阳能电池器件的各层薄膜结晶质量很好,电池制备工艺较为优化。

2.3.4 弱光下 CdTe 太阳能电池的性能实验结果比较

为了全面了解 R_p 对 CdTe 太阳能电池的弱光性能的影响,选择了两台在 STC 测试中几

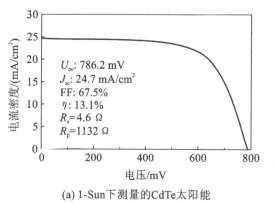

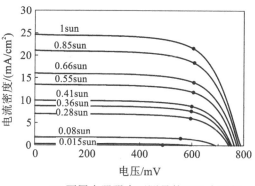

U_{oc}: 786.2 mV
J_{sc}: 24.7 mA/cm²
FF: 67.5%
η: 13.1%
R_s=4.6 Ω
R_p=1132 Ω

(a) 1-Sun下测量的CdTe太阳能
电池的 J-U 曲线

(b) 不同光照强度下测量的CdTe太阳能
电池的 J-U 曲线

图 2-11　CdTe 太阳能电池的 J-U 曲线

乎相同的器件性能的太阳能电池,效率分别为 12.4％和 11.3％,开路电压分别为 774.9 mV 和 749.5 mV,填充因子分别为 64.8％和 63.4％,串联电阻分别为 5.9 Ω 和 5.4 Ω,对于在 STC 下测量的两个电池,短路电流密度分别为 24.7 mA/cm² 和 23.9 mA/cm²。这两个电池 的唯一显著差异在于它们具有很大差异的 R_p 值。称这两个电池为高 R_p 和低 R_p 电池。两 个电池分别具有 1 542 Ω 和 366 Ω 的高 R_p 值和低 R_p 值。两个太阳能电池的黑暗 J-U 曲线 如图 2-12 所示。

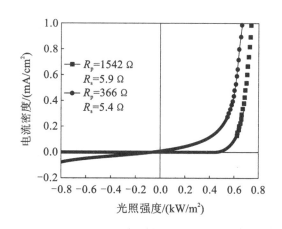

图 2-12　太阳能电池电流密度与光照强度的关系

与高 R_p 太阳能电池相比,低 R_p 电池显示出显著增加的漏电流。两个太阳能电池的串 联电阻 R_s 与光照强度的关系如图 2-13 所示。这提供了一种理想的情况,可以在不考虑串 联电阻 R_s 影响的情况下分析这两个电池的低电流下的电池性能。因此,本书研究了在低 E_{irra} 下工作的 R_p 对器件性能的影响。

图 2-13 所示的两个 R_s 的增加是由光致发光载流子浓度的降低而 CdTe 层的体积电阻 增加所致。

减少 E_{irra} 后两个太阳能电池的 R_p 的变化显示出显著的差异。分流电阻 R_p 与光照强 度的关系如图 2-14 所示。

对于高 R_p 电池,器件制造良好,在 STC 下测量的 R_p 值相对较大。如上所述,R_p 表现

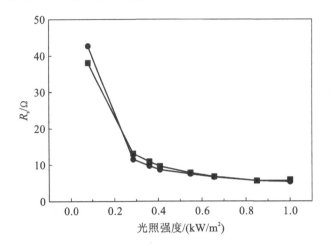

图 2-13　太阳能电池串联电阻 R_s 与光照强度的关系

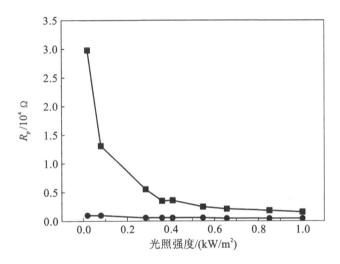

图 2-14　太阳能电池分流电阻 R_p 与光照强度的关系

出光照强度降低的幂律增加。对于低 R_p 电池，在 STC 下测量的 R_p 相对较小，即使在非常低的光照强度下，该值也仅显示稍微增加的值。这与高 R_p 电池完全不同。

在弱光条件下的太阳能电池性能主要取决于分流电阻 R_p。具有高 R_p 和低 R_p 电阻的两个太阳能电池的性能比较如图 2-15 所示。

从图 2-15 中可得出以下结论：

（1）如图 2-15(b)所示，两个电池的短路电流几乎相同。

（2）如图 2-15(a)、(c)所示，两个单元的 U_{oc} 和 FF 的值随着光照强度的降低而改变，从 1 kW/m² 到 0.4 kW/m² 的辐照强度几乎相同。

（3）如图 2-15(d)所示，在低于 0.4 kW/m² 的光照强度下，低 R_p 电池的 U_{oc} 和 FF 都随着 E_{irra} 的降低而急剧下降，从而导致电池效率的降低。对于 0.015-sun 的 E_{irra} 的高 R_p 电池，其效率仍然保持在 9.2%，即效率的 74% 保持在 STC 测量的水平。但是对于低 R_p 电池，V_{oc} 和效率仅降低到 326.1 mV 和 2.1%，FF 也从 63.4% 大幅下降到 27.8%。

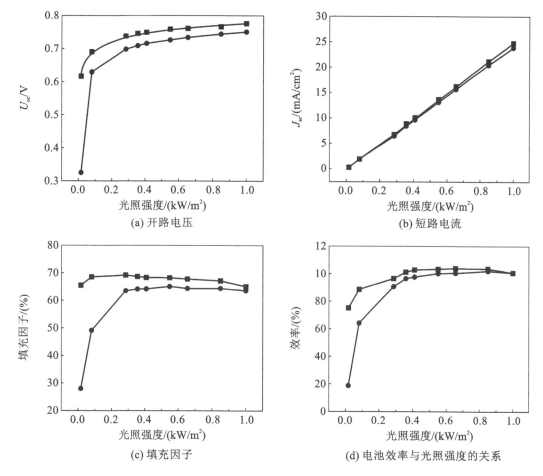

(a) 开路电压

(b) 短路电流

(c) 填充因子

(d) 电池效率与光照强度的关系

图 2-15 具有高 R_p 和低 R_p 电阻的两个太阳能电池的性能比较

2.4 本章小结

本章首先阐述了 CdTe 材料与太阳能电池的特点、CdTe 薄膜太阳能电池的结构和工作原理;其次,分析了 CdTe 薄膜太阳能电池的结构与光电转换原理;再次,研究了窗口层中掺杂 Cu 对 CdTe 太阳能电池性能的影响;最后,研究了弱光下 CdTe 太阳能电池的性能,发现 CdTe 薄膜太阳能电池是弱光下最好的光伏器件之一。

第③章 CdTe 薄膜太阳能电池的工程模型与输出特性研究

基于单个 CdTe 薄膜太阳能电池的物理特性等效电路及数学模型,建立任意太阳光强和温度条件下的 CdTe 薄膜太阳能电池工程模型,应用 Matlab/Simulink 建立其仿真模型并仿真研究 CdTe 薄膜太阳能电池的输出特性,其研究成果是研究 MPPT 控制方法的基础。

3.1 标准光照和温度条件下的 CdTe 薄膜太阳能电池的数学模型

CdTe 薄膜太阳能电池能把光能转化成电能。光照的 CdTe 薄膜太阳能相当于恒流源(I_{ph})与二极管(D)并联。实际使用的太阳能电池由于本身还存在电阻,流过负载的电流为 I,室温 25 ℃条件下的短路电流为 I_{sc},串联电阻 R_s 是等效串联电阻,分流电阻 R_{sh} 是等效并联电阻,如图 3-1 所示的是单节 CdTe 太阳能电池的等效电路图。

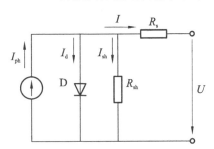

图 3-1 单节 CdTe 太阳能电池的等效电路图

光照下太阳能电池可看作恒流电流源,恒流电流为 I_{ph}(光生电流),串联电阻 R_s 主要包括电池的各层体材电阻、界面电阻、电极电阻等,并联电阻 R_{sh} 则代表电池的不同漏电机制引起的漏电电阻。I 与 U 则是电池实际输出外载电路的电流与电压。显然:

$$I = I_{ph} - I_d - I_{sh} \tag{3-1}$$

光生电流 I_{ph} 为:

$$I_{ph} = [I_{sc} + K_t(T - 298)]\frac{G}{1\,000} \tag{3-2}$$

式中:K_t 为太阳能电池的电流温度系数;

G 为光照强度;

T 为电池温度。

暗电流 I_d 为:

$$I_d = I_0(e^{\frac{q(U + IR_s)}{AkT}} - 1) \tag{3-3}$$

式中:I_0 为二极管反向饱和电流;

A 为 CdS/CdTe 结二极管的理想因子;

k 为玻尔兹曼常数(1.38×10^{-23} J/K);

q 为电子的电荷量(1×10^{-19} C);

串联电阻 R_s 和分流电阻 R_{sh} 分别是与一次二极管串联和并联损耗的总电路模型电阻。

室温 25 ℃条件下的短路电流 I_{sc} 为:

$$I_{sh} = \frac{U + IR_s}{R_{sh}} \tag{3-4}$$

将式(3-2)～式(3-4)代入式(3-1)得到太阳能电池输出电压和输出电流的关系式：

$$I = I_{ph} - I_0 \left[e^{\frac{q(U+IR_s)}{AkT}} - 1 \right] - \frac{R+IR_s}{R_{sh}} \qquad (3-5)$$

光照强度和温度确定时太阳能电池的输出特性曲线如图 3-2 所示。

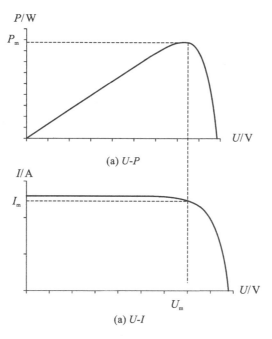

(a) U-P

(a) U-I

图 3-2 CdTe 薄膜太阳能电池的输出特性曲线

P_m—最大功率点处的功率；I_m—最大功率点处的电流；U_m—最大功率点处的电压

根据太阳能电池生产商提供的参数（开路电压 U_{oc}、短路电流 I_{sc}、最大功率点电压 U_m、最大功率点电流 I_m）来简化式(3-5)，得到研究过程中实用的数学模型。

对式(3-5)所示的数学模型进行以下几点近似：

(1) 当光照较强时，分流电阻 R_{sh} 很大，$I_{sh} \ll I_{ph}$，可以忽略式(3-5)中的第三项，得到：

$$I = I_{ph} - I_0 \left[e^{\frac{q(U+IR_s)}{AkT}} - 1 \right] \qquad (3-6)$$

(2) 太阳能电池处于开路状态时，在标准测试条件下，$U=U_{oc}$，$I=0$，代入式(3-6)中得到：

$$I_0 = \frac{I_{ph}}{e^{\frac{q(U_{oc})}{AkT}} - 1} \qquad (3-7)$$

(3) 串联电阻 R_s 取定值。在标准测试条件下，将太阳能电池在 P_m 处的输出 U_m 和输出 I_m 代入式(3-6)得到：

$$I_m = I_{ph} - I_0 \left[e^{\frac{q(U_m+I_mR_s)}{AkT}} - 1 \right] \qquad (3-8)$$

则根据式(3-7)和式(3-8)可得到：

$$R_s = \frac{\frac{AkT}{q} \ln\left(\frac{I_{sc}-I_m}{I_0} \right) - U_m}{I_m} \qquad (3-9)$$

(4) $R_s \ll R_D$（二极管正向导通电阻），此时 $I_{ph} = I_{sc}$。

结合以上四点，可推出标准光照和温度条件下的太阳能电池数学模型：

$$I = I_{sc}[1 - C_1(e^{\frac{U}{C_2 U_{oc}}} - 1)] \tag{3-10}$$

式中，C_1 和 C_2 的计算如下：

$$\begin{cases} C_1 = (1 - I_m/I_{sc})e^{-U_m/C_2 U_{oc}} \\ C_2 = \dfrac{U_m/U_{oc} - 1}{\ln(1 - I_m/I_{sc})} \end{cases} \tag{3-11}$$

3.2 任意光照和温度条件下的CdTe薄膜太阳能电池工程模型

CdTe薄膜太阳能电池的 U_m、I_m、U_{oc}、I_{sc} 随光照强度和环境温度的变化而变化，因此，使用补偿方法和采集某时刻的光照强度和电池温度，采用特性参数修正方法、输出电流电压修正方法可以得出以上 U_m、I_m、U_{oc}、I_{sc} 等4个参数随任意光照强度 S 和电池温度 T 变化而变化的关系。

3.2.1 基于特性参数修正的CdTe薄膜太阳能电池工程模型

对太阳能电池的特性参数进行修正后，代入式（3-6）中可得到基于特性参数修正的CdTe薄膜太阳能电池工程模型。

主要参数修正如下：

$$\begin{cases} \Delta T = T - T_{ref} \\ \Delta S = \dfrac{S - S_{ref}}{S_{ref}} \end{cases} \tag{3-12}$$

$$\begin{cases} I'_{sc} = I_{sc}\dfrac{S}{S_{ref}}(1 + \alpha_1 \Delta T) \\ U'_{oc} = U_{oc}(1 - \alpha_3 \Delta T)(1 + \alpha_2 \Delta S) \end{cases} \tag{3-13}$$

$$\begin{cases} I'_m = I_m\dfrac{S}{S_{ref}}(1 + \alpha_1 \Delta T) \\ U'_m = U_m(1 - \alpha_3 \Delta T)(1 + \alpha_2 \Delta S) \end{cases} \tag{3-14}$$

式中：$T_{ref} = 25$ ℃，$S_{ref} = 1$ kW/m²，分别是标准电池温度与光照强度；

T 与 S 分别是实际情况下的电池温度与光照强度；

$\alpha_1 = 0.002\ 5/℃$，$\alpha_2 = -0.1949 + 7.056 \times 10^{-4}\ S\ m^2/W$，$\alpha_3 = 0.002\ 88/℃$

将得到的修正后的各参数代入式（3-6），得到与温度和光照强度有关的修正模型如下：

$$I = I'_{sc}[1 - C_1(e^{\frac{U}{C_2 U'_{oc}}} - 1)] \tag{3-15}$$

式（3-15）就是强光照和一定温度条件下，基于特性参数修正的CdTe薄膜太阳能电池工程模型（简称"工程仿真模型1"）。

根据第2章的研究成果可知，当光照较弱时，不能忽略 R_{sh} 的作用，即式（3-5）中的第三项不能忽略，称之为弱光照和一定温度条件下，基于特性参数修正的CdTe薄膜太阳能电池工程模型（简称"工程仿真模型2"）。即：

$$I = I'_{sc}[C_1(e^{\frac{U}{C_2 U'_{oc}}} - 1)] - \dfrac{R + IR_s}{R_{sh}} \tag{3-16}$$

整理得到：

$$I = \left\{I'_{sc}[C_1(e^{\frac{U}{C_2 U'_{oc}}} - 1)] - \dfrac{R}{R_{sh}}\right\}\dfrac{R_{sh}}{R_{sh} + R_s} \tag{3-17}$$

3.2.2 基于输出电流电压修正的 CdTe 薄膜太阳能电池工程模型

输出电流电压修正的 CdTe 薄膜太阳能电池工程模型的建立,其方法是对太阳能电池输出电流电压进行修正,再代入其数学模型[式(3-6)]中得出新的数学模型。

输出电压电流随光强温度变化的增量为:

$$\begin{cases} \Delta I = b_1 \Delta T \dfrac{S}{S_{ref}} + I_{sc}\left(\dfrac{S}{S_{ref}} - 1\right) \\ \Delta U = b_2 U_{oc} \Delta T - R_s \Delta I \end{cases} \tag{3-18}$$

式中:b_1,b_2 分别是标准光照强度下 CdTe 电池的电流温度系数和电压温度系数。

从而得到修正后的工程用数学模型:

$$I = I'_{sc}\left[1 - C_1\left(e^{\frac{U}{C_2 U_{oc}}} - 1\right)\right] + \Delta I \tag{3-19}$$

式(3-19)就是强光照和一定温度条件下,基于输出电流电压修正的 CdTe 薄膜太阳能电池工程模型(简称"工程仿真模型 3")。

当光照较弱时,需考虑 R_{sh} 的作用,即式(3-5)中的第三项不能忽略,称之为弱光照和一定温度条件下,基于输出电流电压修正的 CdTe 薄膜太阳能电池工程模型(简称"工程仿真模型 4"),即:

$$I = I_{sc}\left[1 - C_1\left(e^{\frac{U}{C_2 U_{oc}}} - 1\right)\right] + \Delta I - \frac{(U + \Delta U) + IR_s}{R_{sh}} \tag{3-20}$$

整理得到:

$$I = \left\{I_{sc}\left[1 - C_1\left(e^{\frac{U}{C_2 U_{oc}}} - 1\right)\right] + \Delta I - \frac{U + \Delta U}{R_{sh}}\right\}\frac{R_{sh}}{R_{sh} + R_s} \tag{3-21}$$

 ## 3.3 标准光照和温度条件下的 CdTe 薄膜太阳能电池的仿真模型

根据 3.1 节所述的太阳能电池数学模型式(3-10)和式(3-11),在 Matlab/Simulink 仿真软件中,基于 CdTe 薄膜太阳能电池数学模型构建仿真模型,如图 3-3 所示。

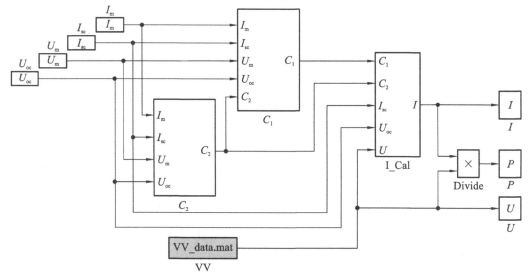

图 3-3　标准光照和温度条件下的 CdTe 薄膜太阳能电池仿真模型

图 3-3 中，仿真模型 I_Cal、C_1 和 C_2 分别根据式(3-10)和式(3-11)进行构建，其仿真模型分别如图 3-4 至图 3-6 所示。

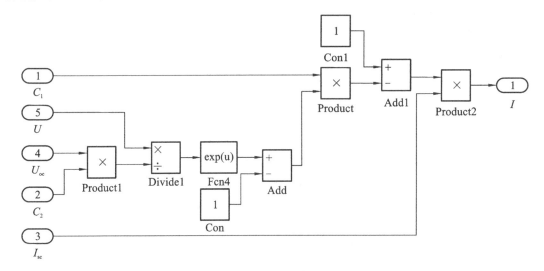

图 3-4　I_Cal 仿真模型

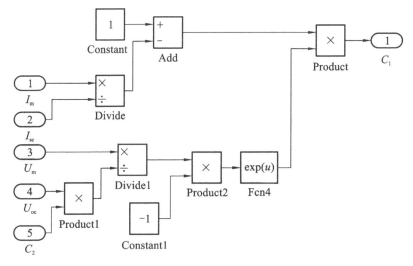

图 3-5　参数 C_1 仿真模型

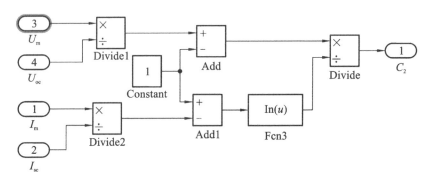

图 3-6　参数 C_2 仿真模型

3.4 任意光照和温度条件下的 CdTe 薄膜太阳能电池仿真工程模型

根据 3.2 节所述的太阳能电池工程模型式(3-15)、式(3-17)和式(3-19)、式(3-21),在 Matlab/Simulink 仿真软件上对"工程仿真模型 1"～"工程仿真模型 4"进行仿真模型搭建。

工程仿真模型 1 的仿真模型如图 3-7 所示。

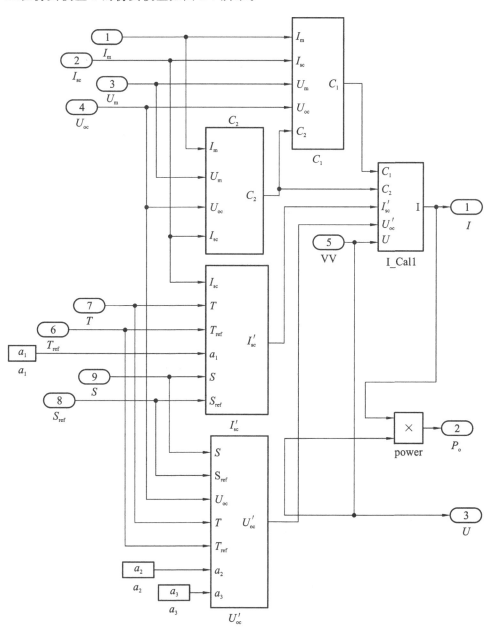

图 3-7　工程仿真模型 1 的仿真模型

图 3-7 中,I'_{sc}、U'_{oc} 和 I_Cal1 分别为式(3-13)和式(3-15)对应的仿真模型,如图 3-8 至图 3-10 所示。

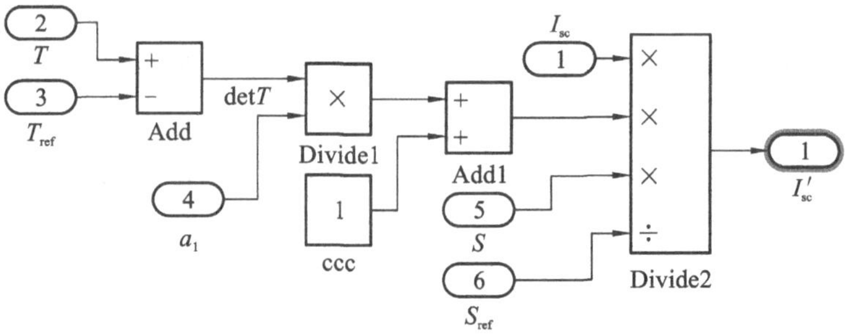

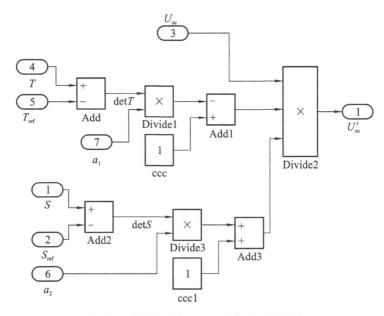

图 3-8　工程仿真模型 1 中 I'_{sc} 的仿真模型

图 3-9　工程仿真模型 1 中 U'_{oc} 的仿真模型

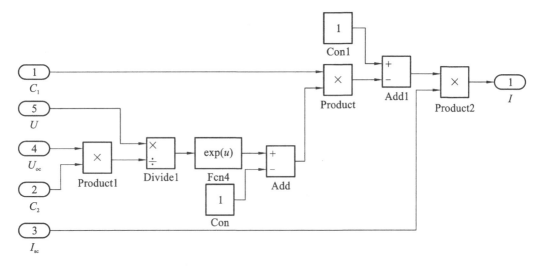

图 3-10　工程仿真模型 1 中 I_Cal1 的仿真模型

根据式(3-17)进行仿真模型搭建,如图 3-11 所示,将其替换图 3-7 中 I_Cal1 模块便可得到工程仿真模型 2 的仿真模型。

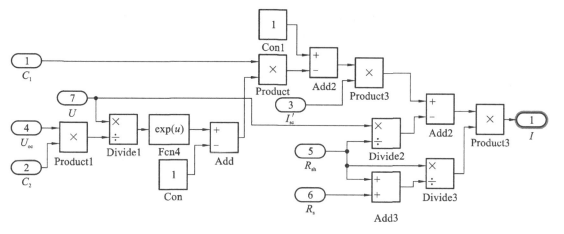

图 3-11 工程仿真模型 2 中 I_Cal2 的仿真模型

工程仿真模型 3 的仿真模型如图 3-12 所示。

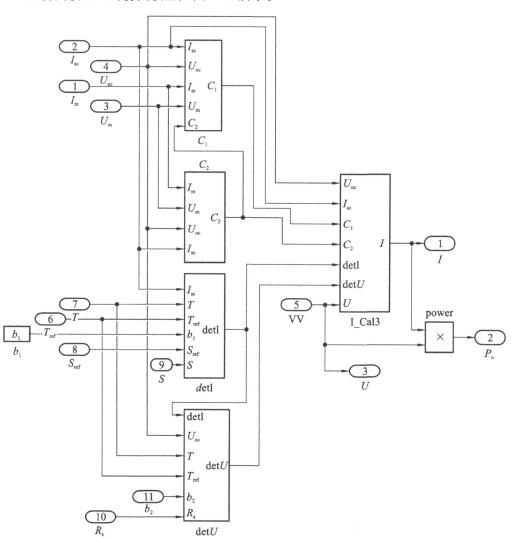

图 3-12 工程仿真模型 3 的仿真模型

图 3-12 中，$\det I$、$\det U$ 和 I_Cal3 分别为式（3-14）和式（3-19）对应的仿真模型，如图 3-13 至图 3-15 所示。

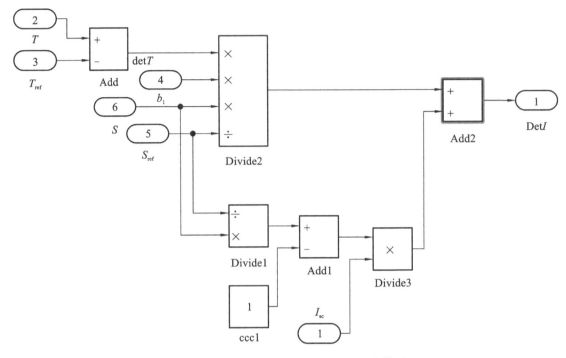

图 3-13　工程仿真模型 3 中的 $\det I$ 的仿真模型

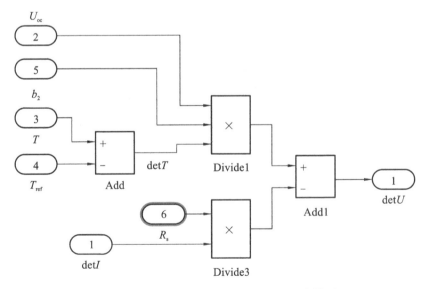

图 3-14　工程仿真模型 3 中的 $\det U$ 的仿真模型

根据式（3-21）进行仿真模型搭建，如图 3-16 所示，将其替换图 3-15 中 I_Cal3 模块便可得到工程仿真模型 4 的仿真模型。

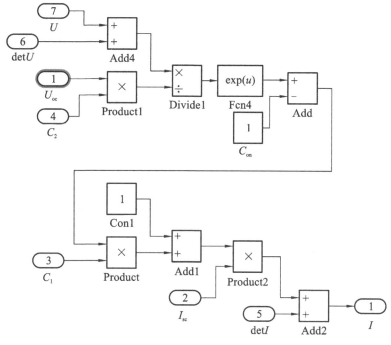

图 3-15　工程仿真模型 3 中 I_Cal3 的仿真模型

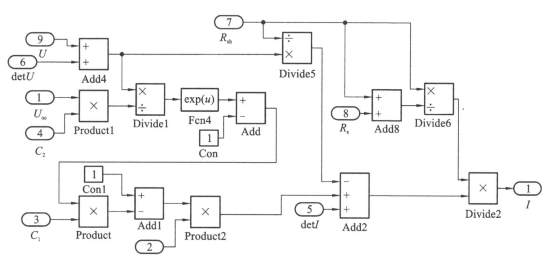

图 3-16　工程仿真模型 4 中 I_Cal4 的仿真模型

3.5　CdTe 薄膜太阳能电池 PV 特性仿真系统的开发

　　CdTe 薄膜太阳能电池特性仿真由自行开发的 CdTe 薄膜太阳能电池 PV 特性仿真系统（简称"PV 特性仿真系统"）完成，其设计工具是 Matlab/Simulink，采用面向对象的程序设计方法（GUI）进行设计。

　　PV 特性仿真系统主要由 PV 参数设置、PV 工程用模型仿真、ST-PV 工程用数学模型仿真（单点）、ST-PV 工程用数学模型仿真（多点）等子系统组成。

3.5.1 PV 参数设置子系统

考虑光照强度和电池温度因素的 CdTe 薄膜太阳能电池工程用仿真参数主要有如下几个。

(1) 太阳能电池厂商提供的四个标准测试条件下的电池参数:峰值工作电流 I_m、峰值工作电压 U_m、短路电流 I_{sc}、开路电压 U_{oc}。

(2) 光照和电池温度参数:电压温度系数 b、串联电阻 R_s、参考电池温度 T_{ref}、参考日照强度 S_{ref}。

选用 ASP-S2-75-11 的 CdTe 薄膜太阳能电池作为本书研究对象,其工程用仿真参数如表 3-1 所示(这也是后续仿真用的参数)。

表 3-1　ASP-S2-75-11 的 CdTe 薄膜太阳能电池工程用仿真参数

标准条件下最大测试功率/W	峰值工作电流 I_m/A	峰值工作电压 U_m/V	短路电流 I_{sc}/A	开路电压 U_{oc}/V
75	2.41	31.2	2.77	41.6

电流温度系数 a	电压温度系数 b	串联电阻 R_s/Ω	参考电池温度 T_{ref}/℃	参考光照强度 S_{ref}/(W/m²)
0.000 6	−0.003 21	0.5	25	1 000

PV 参数设置子系统文件命名为 PV_GUI_20140905.fig,其设计参数(记为"参数 1")如表 3-2 所示。

表 3-2　PV 参数设置子系统的设计参数

参 数 名 称	标签(Tag)	默认值(String)	回调函数(Callback)
开路电压	edit_PV_Uoc	41.6	
峰值工作电压	edit_PV_Um	31.2	
短路电流	edit_PV_Isc	2.77	
峰值工作电流	edit_PV_Im	2.41	
电流温度系数	edit_PV_a	0.0006	
电压温度系数	edit_PV_b	−0.00321	
参考电池温度	edit_PV_Tref	25	
参考光照强度	edit_PV_Sref	1000	
串联电阻	edit_PV_Rs	0.5	
返回	pushbutton_PV_Return		delete(gcf)
保存	pushbutton_PV_Save		pushbutton_PV_SaveData.m

PV 参数设置界面如图 3-17 所示。

在图 3-17 所示界面,首先设置 PV 工程用仿真参数,然后点击"保存"按钮,调用 PV_SaveData.m 文件进行数据保存,其文件名为 SaveData.mat,变量为:Save_Dmax = $[U_{oc}, U_m, I_{sc}, I_m, a, b, T_{ref}, S_{ref}, R_s]$。完成 PV 参数设置后,按"返回"按钮结束。

图 3-17　PV 参数设置界面

3.5.2　PV 工程用模型仿真子系统

　　PV 工程用模型仿真子系统根据 3.4 节中的 PV 仿真模型所需相关参数 I_m、U_m、I_{sc}、U_{oc}、T_{ref} 和 S_{ref} 的设置,代入 PV 工程用仿真模型,自动完成计算,绘出 $I\text{-}V$、$P\text{-}V$ 曲线,显示结果,并保存。

　　PV 工程用模型仿真子系统文件命名为 PV_Sinmulation_GCM_GUI_20140912. fig,其设计参数如表 3-3 所示。

表 3-3　PV 工程用模型仿真系统的设计参数

参 数 名 称	标签(Tag)	默认值(String)	回调函数(Callback)
仿真步长	edit_DD_Step	100	
仿真	pushbutton_DD_Sinmu		PVmodule_20140912cj. m
导出	pushbutton_DD_Outp		PV_DD_Output_20140912m. m
返回	pushbutton_DD_Return		delete(gcf)
仿真状态	Text_DD_State		
最大功率	edit_DD_Pmax	75.2531	
最大电压	edit_DD_Vmax	31.55	

　　PV 工程用模型仿真子系统参数设置界面如图 3-18 所示。

图 3-18　PV 工程用模型仿真子系统参数设置界面

在图 3-18 中,首先设置仿真步长,然后点击"仿真"按钮,调用 PVmodule_20140912cj. m 文件进行仿真;点击"导出"按钮,调用 PV_DD_Output_20140912m. m 文件,保存结果数据,其文件名为 PV_GCM_Data20140912. txt,变量为:SaPV_GCM_Data$=[U_{oc},U_m,I_{sc},I_m,$Step,$U_{max},P_{max}]$。完成 PV 工程用模型仿真后,按"返回"按钮结束。

3.5.3 ST-PV 工程用数学模型仿真(单点)子系统

ST-PV 工程用数学模型仿真(单点)子系统可根据前述章节中的 SP-PV 仿真模型所需相关参数的设置,代入 SP-PV 工程用仿真模型,在参数设置界面上设置好所需仿真的光照和温度,系统就会自动完成仿真,绘出特性曲线,显示结果,并保存。

ST-PV 工程用数学模型仿真(单点)子系统参数设置文件命名为 PV_Sinmulation_ST_GUI_20140912. fig,其设计参数如表 3-4 所示。

表 3-4   ST-PV 工程用数学模型仿真(单点)子系统的设计参数

参 数 名 称	标签(Tag)	默认值(String)	回调函数(Callback)
仿真	pushbutton_ST_Sinmu		PVmodule_T_Pmax_cj2014913. m
仿真步长	edit_ST_Step	100	
光照强度	edit_PV_ST_S	700	
电池温度	edit_PV_ST_T	25	
导出	pushbutton_ST_Outp		PV_ST_Output_20140913m. m

ST-PV 工程用数学模型仿真(单点)子系统参数设置界面如图 3-19 所示。

ST-PV工程用数学模型仿真(单点)子系统

| 光照强度 | 700 | 最大功率 | 48.9715 |
| 电池温度 | 25 | 最大电压 | 29.5845 |

仿真步长 100

仿真 导出

返回

图 3-19   ST-PV 工程用数学模型仿真(单点)子系统参数设置界面

在图 3-19 中,首先设置仿真步长,然后点击"仿真"按钮,调用 PVmodule_T_Pmax_cj2014913. m 文件进行仿真;点击"导出"按钮,调用 PV_ST_Output_20140913m. m 文件,保存结果数据,其文件名为:

(1) PV_ST_Data20140913. txt,变量为:PV_ST_Data$=[U_{oc},U_m,I_{sc},I_m,a,b,T_{ref},S_{ref},R_s,$Step,$S,T,U_{omax},P_{omax}]$;

(2) PV_ST_DataS20140913. txt,变量为:PV_ST_DataS$-[U_o,I_o,P_u]$。

完成 PV 工程用数学模型仿真后,按"返回"按钮结束。

3.5.4 ST-PV 工程用数学模型仿真(多点)子系统

ST-PV 工程用数学模型仿真(多点)子系统可仿真光照和温度变化时的多点效果,即进行批处理,自动完成仿真。根据仿真结果,可构建光照或温度对 PV 输出特性影响的关系模型,为 MPPT 控制算法的研究奠定基础。

现根据前述章节中的 SP-PV 仿真模型所需相关参数的设置,代入 SP-PV 工程用仿真模型,在参数设置界面上设置好所需仿真的光照和温度,系统就会自动完成仿真,绘出特性曲线,显示结果,并保存。

ST-PV 工程用数学模型仿真(多点)系统参数设置文件命名为 PV_Sinmulation_STD_GUI_20140913.fig,其设计参数如表 3-5 所示。

表 3-5　ST-PV 工程用数学模型仿真(多点)系统的设计参数

参 数 名 称	标签(Tag)	默认值(String)	回调函数(Callback)
光照	edit_PV_S1	200	
	edit_PV_DetS	50	
	edit_PV_S2	1000	
温度	edit_PV_T1	16	
	edit_PV_DetT	1	
	edit_PV_T2	40	
仿真步长	edit_STD_Step	100	
仿真	pushbutton_STD_Sinmu		PVmodule_TD_Pmax_cj2014913.m
保存	pushbutton_SDD_Save		PV_SDD_Save_20140914m.m
显示数据提取	pushbutton_SDD_Disp		PV_SDD_Display_20140914m.m
结果显示	pushbutton_SDD_DispData		PV_Sinmulation_STD_GUI_Disp20140914.fig
运行状态	Text_SDD_Run_State		
光照起点	edit_STD_SS1	400	
光照点数	edit_STD_SSN	10	
电池温度	edit_STD_ST	25	
显示参数(光照强度不同作用)	ButtonG_STD_S_Select		
温度起点	edit_STD_TT1	16	
点数	edit_STD_TTN	10	
光照强度	edit_STD_TS	1000	
显示参数(电池温度不同作用)	ButtonG_STD_T_Select		

ST-PV 工程用数学模型仿真(多点)子系统参数设置界面如图 3-20 所示。

在图 3-20 中,操作步骤如下:

(1) 设置仿真参数:光照强度(电池温度)的起值、递增量和终值,仿真步长。

(2) 点击"仿真"按钮,调用 PVmodule_TD_Pmax_cj2014913.m 文件进行仿真。

(3) 点击"保存"按钮,调用 PV_SDD_Save_20140914m.m 文件,保存结果数据,其文件名为:

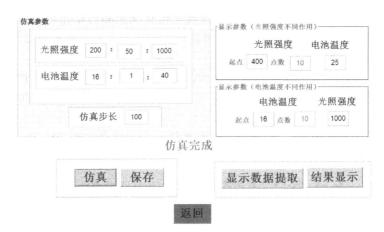

图 3-20   ST-PV 工程用数学模型仿真(多点)子系统参数设置界面

① PVsinmulation20140913_SDD_Para. txt,变量为:SDD_Para＝$[U_{oc}, U_m, I_{sc}, I_m, a, b, T_{ref}, S_{ref}, R_s, Step, S_1, DetS, S_2, T_1, DetT, T_2]$;

② PVsinmulation20140913_SDD_Umax. txt,变量为 U_{max}:最大输出功率对应的电压 (i, j)(i:光照,j:温度);

③ PVsinmulation20140913_SDD_Pmax. txt,变量为 P_{max}:最大功率;

④ PVsinmulation20140913_SDD_Us. mat,变量为 U_S:实时输出电压(i, j);

⑤ PVsinmulation20140913_SDD_Ps. mat,变量为 P_S:实时输出功率(i, j)。

(4) 选择显示参数:显示参数(光照强度不同作用)、显示参数(电池温度不同作用)。

(5) 点击"显示数据提取"按钮,调用 PV_SDD_Display_20140914m. m 文件,从第(3)步得到的数据中提取需要显示的仿真结果数据。

(6) 点击"结果显示"按钮,调用 PV_Sinmulation_STD_GUI_Disp20140914. fig 文件,显示仿真结果。ST-PV 工程用数学模型仿真(多点)仿真结果显示界面如图 3-21 所示。

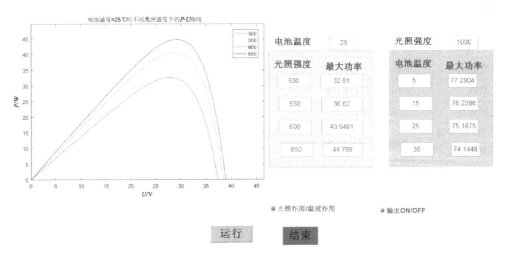

图 3-21   ST-PV 工程用数学模型仿真(多点)仿真结果显示界面

图 3-21 所示仿真系统设计参数如表 3-6 所示。

表 3-6 ST-PV 工程用模型仿真(多点)结果显示系统的设计参数

参 数 名 称	标签(Tag)	回调函数(Callback)
S 电池温度	edit_STD_DispRun_ST	
S 光照强度	edit_STD_DispRun_SS1	
	edit_STD_DispRun_SS2	
	edit_STD_DispRun_SS3	
	edit_STD_DispRun_SS4	
S 最大功率	edit_STD_DispRun_SP1	
	edit_STD_DispRun_SP2	
	edit_STD_DispRun_SP3	
	edit_STD_DispRun_SP4	
T 光照强度	edit_STD_DispRun_TS	
T 电池温度	edit_STD_DispRun_TT1	
	edit_STD_DispRun_TT2	
	edit_STD_DispRun_TT3	
	edit_STD_DispRun_TT4	
S 最大功率	edit_STD_DispRun_TP1	
	edit_STD_DispRun_TP2	
	edit_STD_DispRun_TP3	
	edit_STD_DispRun_TP4	
运行	pushbutton_STD_DispRun	PV_ST_STD_DispData_Run20140914m. m
输出	radiobutton_STD_DispRun_OUT	
光照作用/温度作用	radiobutton_STD_DispRun_Select	
返回	pushbutton_STD_DispEnd	delete(gcf)

在图 3-21 中,点击"运行"按钮,调用 PV_ST_STD_DispData_Run20140914m. m 进行显示。完成仿真后,按"返回"按钮结束。

3.6 CdTe 薄膜太阳能电池特性仿真结果分析

选用 ASP-S2-75-11 的 CdTe 薄膜太阳能电池作为本书研究对象,其工程用仿真参数如表 3-1 所示。

3.6.1 CdTe 薄膜太阳能电池的输出特性曲线

将表 3-1 中的参数代入标准光照和温度条件下的 CdTe 薄膜太阳能电池的仿真模型,进行仿真,其输出的最大功率是 74.93 W,对应的电压为 31.48 V,输出特性曲线如图 3-22 所示。

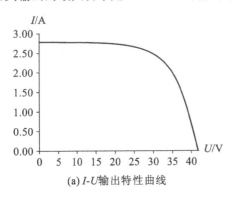
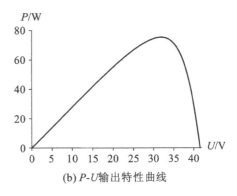

(a) I-U 输出特性曲线　　　　　　　(b) P-U 输出特性曲线

图 3-22　CdTe 薄膜太阳能电池输出特性曲线

仿真结果表明:构建的仿真模型与实际参数吻合,其最大输出功率误差为 0.09%。

3.6.2　不同工程仿真模型的输出特性比较分析

采用表 3-1 中的参数对工程仿真模型 1～4 进行仿真,温度为 25 ℃,光照强度为 200～1 000 W/m²,其间隔为 50 W/m²,则可得到 4 种模型的 CdTe 薄膜太阳能电池的最大输出功率仿真结果,如表 3-7 所示。

表 3-7　不同温度和光照强度下 CdTe 薄膜太阳能电池的最大输出功率(W)

$S/(W/m^2)$	工程仿真模型的仿真结果				试验结果
	1	2	3	4	
200	15.63	15.52	10.61	11.31	2.94
250	18.99	18.89	13.96	14.81	5.90
300	22.22	22.12	17.44	18.42	10.06
350	25.34	25.25	21.04	22.13	13.94
400	28.40	28.31	24.75	25.90	18.14
450	31.44	31.36	28.55	29.74	22.05
500	34.51	34.42	32.44	33.63	26.09
550	37.63	37.55	36.40	37.57	29.33
600	40.85	40.77	40.44	41.55	32.99
650	44.21	44.13	44.54	45.57	36.96
700	47.75	47.66	48.71	49.62	41.28
750	51.50	51.42	52.95	53.70	45.89
800	55.51	55.43	57.24	57.80	50.22
850	59.82	59.73	61.58	61.93	54.88
900	64.47	64.38	65.98	66.07	59.28
950	69.49	69.4	70.43	70.24	63.36
1000	74.93	74.83	74.93	74.42	67.80

从表 3-7 中可以得出以下结论：

（1）4 种仿真模型的最大功率变化趋势与试验结果一致，但输出均比试验的结果偏大；

（2）模型 1 和模型 2，模型 3 和模型 4 的仿真结果接近，表明并联电阻 R_{sh} 对 CdTe 薄膜太阳能电池的最大输出功率影响较小；

（3）模型 3 和模型 4 与试验结果更吻合，所以本书选取模型 3 进行后续的仿真研究，并根据试验结果对仿真模型 3 进行了优化。

3.6.3 不同光照和温度条件下的 CdTe 薄膜太阳能电池的输出特性

温度 $T=25\ ℃$，不同光照强度下（400～700 W/m²）CdTe 薄膜太阳能电池的 $I\text{-}U$ 曲线和 $P\text{-}U$ 曲线如图 3-23 和图 3-24 所示。

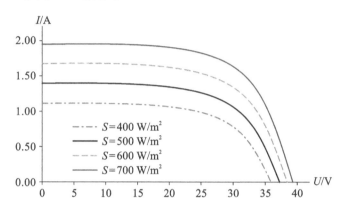

图 3-23 不同光照强度下 CdTe 薄膜太阳能电池的 $I\text{-}U$ 曲线

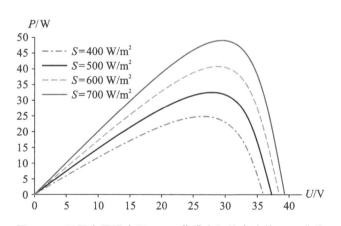

图 3-24 不同光照强度下 CdTe 薄膜太阳能电池的 $P\text{-}U$ 曲线

从图 3-24 中可以看出在温度不变的情况下，随着光照强度的增强，输出电流增大，输出功率也在增大。

不同温度下（20～35 ℃）CdTe 薄膜太阳能电池的 $I\text{-}U$ 曲线和 $P\text{-}U$ 曲线如图 3-25 和图 3-26所示。

从图 3-25 和图 3-26 中可以看出随着温度的升高，电流减少，功率降低，但不明显。

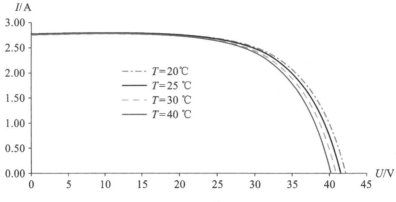

图 3-25 不同温度下 CdTe 薄膜太阳能电池的 I-U 曲线

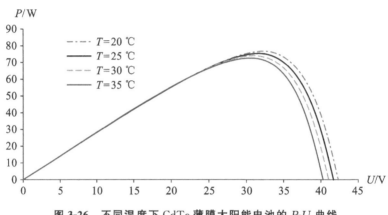

图 3-26 不同温度下 CdTe 薄膜太阳能电池的 P-U 曲线

3.6.4　不同光照强度/温度 CdTe 薄膜太阳能电池的输出特性分析

先设置仿真参数,其中光照强度为 200~1 000 W/m²,其间隔为 50 W/m²,温度为 10~35 ℃,其间隔为 5 ℃,其仿真结果如表 3-8~表 3-10 所示。

表 3-8　不同温度和光照强度下 CdTe 薄膜太阳能电池的最大输出功率(W)

S/(W/m²)	T/℃					
	10	15	20	25	30	35
200	11.40	11.14	10.88	10.61	10.35	10.08
250	14.95	14.62	14.29	13.96	13.63	13.30
300	18.63	18.23	17.84	17.44	17.04	16.65
350	22.43	21.97	21.51	21.04	20.58	20.11
400	26.33	25.81	25.28	24.75	24.22	23.69
450	30.33	29.74	29.15	28.55	27.95	27.36
500	34.41	33.76	33.10	32.44	31.77	31.11
550	38.57	37.85	37.13	36.40	35.67	34.94

$S/(\text{W/m}^2)$	$T/℃$					
	10	15	20	25	30	35
600	42.81	42.02	41.23	40.44	39.64	38.84
650	47.11	46.26	45.40	44.54	43.68	42.82
700	51.48	50.56	49.64	48.71	47.79	46.86
750	55.90	54.92	53.94	52.95	51.95	50.96
800	60.39	59.34	58.29	57.24	56.18	55.11
850	64.93	63.82	62.70	61.58	60.46	59.33
900	69.52	68.35	67.17	65.98	64.79	63.60
950	74.17	72.93	71.68	70.43	69.18	67.92
1 000	78.86	77.56	76.25	74.93	73.61	72.28

表 3-9 不同温度和光照强度下 CdTe 薄膜太阳能电池的最大功率点电流(A)

$S/(\text{W/m}^2)$	$T/℃$					
	10	15	20	25	30	35
200	0.46	0.46	0.45	0.45	0.45	0.45
250	0.57	0.57	0.57	0.57	0.57	0.57
300	0.69	0.69	0.69	0.69	0.69	0.69
350	0.81	0.81	0.81	0.81	0.81	0.81
400	0.93	0.93	0.93	0.93	0.93	0.93
450	1.05	1.05	1.05	1.05	1.05	1.05
500	1.17	1.17	1.17	1.17	1.17	1.17
550	1.29	1.29	1.29	1.29	1.29	1.29
600	1.41	1.41	1.41	1.41	1.41	1.41
650	1.53	1.53	1.53	1.53	1.53	1.53
700	1.65	1.65	1.65	1.65	1.65	1.65
750	1.77	1.77	1.77	1.77	1.77	1.77
800	1.89	1.89	1.89	1.89	1.89	1.89
850	2.01	2.01	2.01	2.01	2.02	2.02
900	2.13	2.13	2.14	2.14	2.14	2.14
950	2.25	2.26	2.26	2.26	2.26	2.26
1 000	2.38	2.38	2.38	2.38	2.38	2.38

表 3-10　不同温度和光照强度下 CdTe 薄膜太阳能电池的最大功率点电压(V)

$S/(\text{W}/\text{m}^2)$	$T/℃$					
	10	15	20	25	30	35
200	25.02	24.47	23.91	23.36	22.81	22.26
250	26.06	25.50	24.95	24.39	23.84	23.29
300	26.93	26.37	25.82	25.26	24.70	24.15
350	27.68	27.11	26.56	26.00	25.44	24.89
400	28.34	27.77	27.21	26.65	26.09	25.53
450	28.92	28.36	27.79	27.23	26.67	26.12
500	29.45	28.89	28.32	27.76	27.20	26.64
550	29.94	29.38	28.81	28.25	27.68	27.13
600	30.39	29.83	29.26	28.70	28.13	27.58
650	30.81	30.25	29.68	29.12	28.55	27.99
700	31.21	30.64	30.07	29.50	28.94	28.38
750	31.58	31.01	30.45	29.88	29.31	28.75
800	31.94	31.36	30.80	30.23	29.67	29.10
850	32.26	31.70	31.13	30.56	30.00	29.43
900	32.59	32.02	31.45	30.88	30.32	29.75
950	32.89	32.33	31.75	31.19	30.62	30.05
1 000	33.19	32.62	32.05	31.48	30.92	30.34

从表 3-8～表 3-10 可以得出以下结论:

(1) 在参考太阳能电池温度 $T_{ref} = 25$ ℃,参考光照强度 $S_{ref} = 1\,000$ W/m² 附近,最大功率点 75.19 kW 对应的电压为 31.48 V,接近相 U_m。

(2) 随着电池温度 T 升高,最大功率 P_{max} 会逐渐下降,其变化幅值很小,在 0.05～0.26 W/℃ 范围内。

(3) 随着光照强度 S 升高,最大功率 P_{max} 会逐渐增大,其最大变化范围为 0.07～0.09 W/(W/m²)。

(4) 光照强度 S 与最大功率 P_{max} 和最大功率点电流 I_{max} 成正比关系,接近线性。例如,在参考电池温度 $T_{ref} = 25$ ℃时,光照强度 S 与 P_{max} 和 I_{max} 的关系曲线分别如图 3-27 和图 3-28 所示。

(5) 光照强度 S 和电池温度 T 对最大功率点电压 U_{max} 的影响较小。

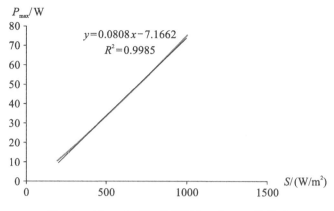

图 3-27 $T_{ref} = 25\ ℃$，光照强度 S 与 P_{max} 的关系

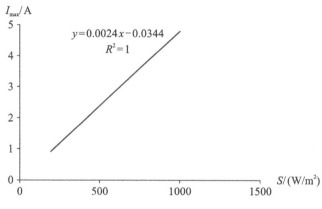

图 3-28 $T_{ref} = 25\ ℃$，光照强度 S 与 I_{max} 的关系

3.7 本章小结

本章构建了 CdTe 薄膜太阳能电池的工程数学模型和仿真模型，并通过仿真研究分析了它们的输出特性。

主要工作及成果如下：

（1）构建了不同光照强度和温度作用下的 CdTe 薄膜太阳能电池的工程用数学模型；

（2）研究分析了 CdTe 薄膜太阳能电池在不同光照强度和不同温度下的 I-U 和 P-U 输出特性；

（3）不同光照强度与温度下的输出特性具有良好的工作稳定性。

本章研究成果为 CdTe 薄膜太阳能电池发电系统 MPPT 逻辑控制的仿真研究奠定了理论基础。

第④章 CdTe 薄膜太阳能电池发电系统的 MPPT 控制研究

根据 MPPT 方法的评价指标要求,以泛布尔代数为逻辑基础,研究并提出一种适合 CdTe 薄膜太阳能电池发电系统的 MPPT 逻辑控制算法。对 CdTe 薄膜太阳能电池 MPPT 逻辑控制方法进行仿真,并与电导增量法 MPPT 方法进行比较,验证 CdTe 薄膜太阳能电池发电系统 MPPT 逻辑控制方法的动态性能和稳态性能。研究成果为 CdTe 薄膜太阳能电池发电系统的开发奠定理论基础。

MPPT 的评价指标有:①控制算法复杂度,即控制算法是否精准,实现是否困难;②系统稳态运行效率,即稳态运行时 MPPT 控制精度问题;③系统抗干扰能力,即出现误判或外界不确定因素所带来的干扰;④动态响应能力,即 MPP 变化时的跟踪速度。根据 MPPT 的评价指标要求,提出适用于光伏发电系统的 MPPT 逻辑控制方法,主要包括光伏 MPPT 控制系统、DC-DC 变换电路实现 MPPT 的原理、MPPT 逻辑控制方法的原理和 MPPT 逻辑控制方法的仿真研究。

4.1 CdTe 薄膜太阳能电池发电 MPPT 控制系统组成

太阳能电池发电 MPPT 控制系统是扰动闭环控制系统,CdTe 薄膜太阳能电池发电 MPPT 控制系统结构如图 4-1 所示。

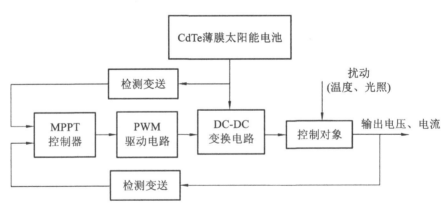

图 4-1 CdTe 薄膜太阳能电池发电 MPPT 控制系统结构

CdTe 薄膜太阳能电池发电 MPPT 控制系统由结构对象(CdTe 薄膜太阳能电池)、检测变送、MPPT 控制器和执行机构(包括 PWM 驱动电路和 DC-DC 变换电路)等组成。

PWM 驱动电路将 MPPT 控制器发出的信号转换成 Boost 电路所要求的控制信号。

CdTe 薄膜太阳能电池发电 MPPT 控制系统组成框图如图 4-2 所示。

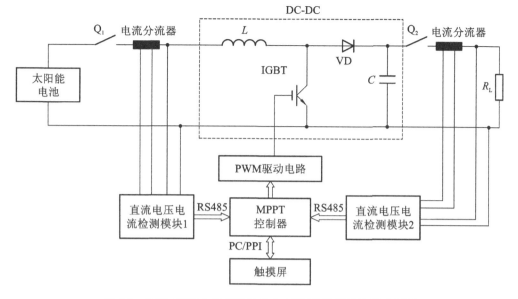

图 4-2　CdTe 薄膜太阳能电池发电 MPPT 控制系统组成框图

 ## *4.2*　DC-DC 变换电路实现 MPPT 的原理

4.2.1　Boost 电路阻抗变换关系的仿真模型

Boost 电路阻抗变换示意图如图 4-3 所示。

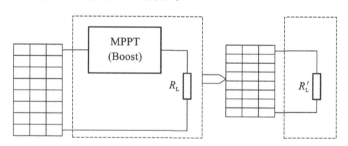

图 4-3　Boost 电路阻抗变换示意图

Boost 电路的等效输入阻抗：

$$R'_L = R_L(1-D)^2 \tag{4-1}$$

使用仿真工具 Matlab/Simulink 建立式(4-1)的仿真模型,如图 4-4 所示。

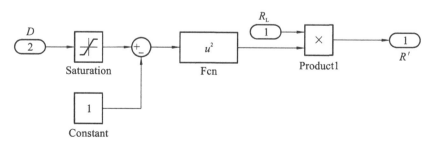

图 4-4　Boost 电路阻抗变换关系的仿真模型

4.2.2 Boost 电路阻抗变换 MPPT 仿真

在 ST-PV 工程用仿真模型中加入 Boost 电路阻抗变换关系的仿真模型,构建 Boost 电路阻抗变换 MPPT 仿真模型,如图 4-5 所示。

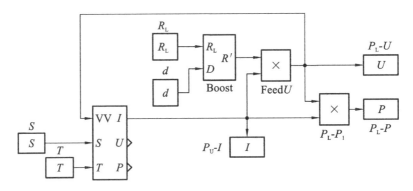

图 4-5 Boost 电路阻抗变换 MPPT 仿真模型

设 $S=1\,000$ W/m², $T=25$ ℃时,R_L 取值为 $1\sim17$ Ω,调节 D,得到 R_L 与 P_{max}、D_{max} 等的关系,如表 4-1 所示。

表 4-1 R_L 与 P_{max}、D_{max} 等的关系

R_L/Ω	P_{max}/W	$D_{max}/(\%)$	U_{max}/V	I_{max}/I	R_L/Ω $R_L'(1-D)^2$	R_{max}/Ω U_{max}/I_{max}
1	7.52	0.00	2.71	2.77	1.0	0.98
2	15.02	0.00	5.43	2.77	2.0	1.96
3	22.51	0.00	8.14	2.77	3.0	2.94
4	29.95	0.00	10.84	2.76	4.0	3.92
5	37.32	0.00	13.52	2.76	5.0	4.90
6	44.52	0.00	16.18	2.75	6.0	5.88
7	51.43	0.00	18.78	2.74	7.0	6.86
8	57.79	0.00	21.29	2.71	8.0	7.84
9	63.14	0.00	23.60	2.68	9.0	8.82
10	66.67	0.00	25.56	2.61	10.0	9.80
11	67.39	0.02	26.41	2.55	10.6	10.35
12	67.39	0.06	26.45	2.55	10.6	10.38
13	67.37	0.10	26.34	2.56	10.5	10.30
14	67.39	0.13	26.42	2.55	10.6	10.35
15	67.38	0.16	26.39	2.55	10.6	10.33
16	67.37	0.18	26.59	2.53	10.8	10.50
17	266.15	0.00	−66.59	−4.00	17.0	16.66

根据表 4-1 中的数据可以绘制出 R_L 与 P_{max}、D_{max} 的关系曲线，如图 4-6 和图 4-7 所示。

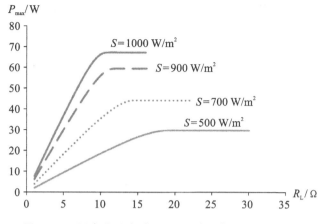

图 4-6　不同光照强度时 P_{max}-R_L 关系曲线（$T = 25$ ℃）

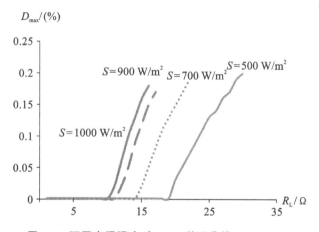

图 4-7　不同光照强度时 D-R_L 关系曲线（$T = 25$ ℃）

从表 4-1 和图 4-6 可以得出以下结论：

（1）当负载电阻 R_L 小于某值（称为最小允许负载，记为"R_{Lmin}"）时，不需要调节占空比（$D = 0$），CdTe 薄膜太阳能电池的输出功率与 R_L 呈线性增加趋势，未能输出最大功率；不同光照强度 R_{Lmin} 略有不同，如光照强度分别为 1 000 W/m²、900 W/m²、700 W/m² 和 500 W/m² 时，R_{Lmin} 分别约为 11 Ω、12 Ω、15 Ω、19 Ω。

（2）当 $R_L > R_{Lmin}$ 时，不同的 R_L，调节占空比 D，可使 CdTe 薄膜太阳能电池工作 P_{max} 不同，如：光照强度分别为 1 000 W/m²、900 W/m²、700 W/m² 和 500 W/m² 时，最大功率点分别约为 67 W、59 W、44 W、30 W，其最大转换效率约为 89%。

（3）当负载电阻 R_L 大于某值（称为最大允许负载，记为"R_{Lmax}"）时，CdTe 薄膜太阳能电池的输出功率失真，不同光照强度 R_{Lmax} 略有不同，如光照强度分别为 1 000 W/m²、900 W/m²、700 W/m² 和 500 W/m² 时，R_{Lmax} 分别约为 17 Ω、18 Ω、21 Ω 和 31 Ω。

（4）当 CdTe 薄膜太阳能电池工作在特性曲线上时，负载阻抗 R_L 的调节范围是 $R_{Lmin} < R_L < R_{Lmax}$。

（5）因为 $(1-D)^2$ 是小于 1 的数，所以 Boost 变换电路的阻抗只能从大往小调节。

模拟光照强度为 1 000 W/m²，环境温度为 25 ℃，$R_L=15$ Ω 时，得到 CdTe 薄膜太阳能电池的仿真波形 P-D 曲线，如图 4-8 所示。

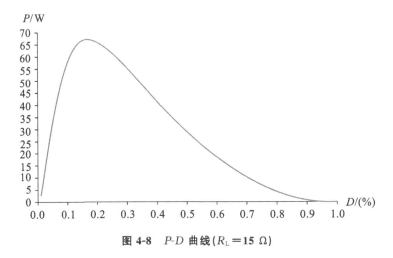

图 4-8　P-D 曲线（$R_L=15$ Ω）

通过前面的仿真分析，发现占空比 D 的大小决定了太阳能电池板的输出功率，当 $\mathrm{d}P/\mathrm{d}D=0$ 时，输出功率达到最大值。

 ## 4.3　MPPT 逻辑控制方法

本书提出的 MPPT 逻辑控制方法是一种基于占空比的 MPPT 逻辑控制方法。

4.3.1　寻找最大功率点 $P_{\max}$ 动态过程

不同光照强度下 CdTe 薄膜太阳能电池的 P-U 曲线如图 4-9 所示。

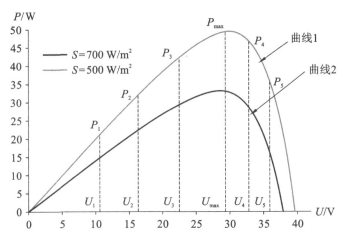

图 4-9　不同光照强度条件下 CdTe 薄膜太阳能电池的 P-U 曲线

寻找最大功率点动态过程如下：

（1）工作点在 P_{max} 点之左（$P(k+1)>P(k)$），$U(k+1)>U(k)$ 时增大 D；反之，减小 D；

（2）工作点在 P_{max} 点之右（$P(k+1)<P(k)$），$U(k+1)>U(k)$ 时减小 D；反之，增大 D。

4.3.2　MTTP 逻辑控制的控制规则

根据前述章节所述寻找最大功率点 P_{max} 动态过程，可以推导出 MPPT 逻辑控制的控制规则。

用 $\Delta P(k)$ 表示 CdTe 薄膜太阳能电池输出的功率和电压变化量，即

$$\begin{cases} \Delta P(k)=P(k+1)-P(k) \\ \Delta P(k)\geq\varepsilon \end{cases} \tag{4-2}$$

式中，控制性能指标 $\varepsilon\geq0$，对太阳能电池阵列输出的功率 ΔP 进行分解，将 P-U 二维平面划分成五部分，光伏阵列的 ΔP 和 ΔD 组合图如图 4-10 所示。

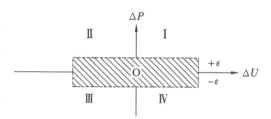

图 4-10　太阳能电池阵列的 ΔP 和 ΔU

利用寻找最大功率点 P_{max} 动态过程的特点，得到 MPPT 逻辑控制的控制规则如下。

（1）"O"区：属于最大功率带，$|\Delta P|\leq\varepsilon$，表示太阳能电池未遭受外界干扰而处于最大功率位置。在该区 MPPT 逻辑控制的控制输出为 0（NC），即 D 保持不变，防止了振荡调节。

（2）"Ⅰ"区：$P(k+1)>P(k)$，$U(k+1)>U(k)$，$|\Delta P|>\varepsilon$，应增大 D。

为了满足快速性和准确性的要求，在该区 MPPT 逻辑控制的控制输出如下：

当 $\varepsilon<|\Delta P|\leq a_1$ 时，D 增量为正小（PS1）；当 $a_1<|\Delta P|\leq a_2$ 时，D 增量为正中（PM1）；当 $|\Delta P|>a_2$ 时，D 增量为正大（PL1）。其中，a_1、a_2 是正数，且满足 $\varepsilon<a_1<a_2$。

（3）"Ⅱ"区：$P(k+1)>P(k)$，$U(k+1)<U(k)$，$|\Delta P|>\varepsilon$，应减小 D。

在该区 MPPT 逻辑控制的控制输出如下：

当 $\varepsilon<|\Delta P|\leq b_1$ 时，D 增量为负小（NS1）；当 $b_1<|\Delta P|\leq b_2$ 时，D 增量为负中（NM1）；当 $|\Delta P|>b_2$ 时，D 增量为负大（NL1）。其中，b_1、b_2 是正数，且满足 $\varepsilon<b_1<b_2$。

（4）"Ⅲ"区：$P(k+1)<P(k)$，$U(k+1)<U(k)$，$|\Delta P|<\varepsilon$，表示太阳能电池已偏离最大功率点位置，$U(k+1)<U(k)$，应增大 D。

在该区 MPPT 逻辑控制的控制输出如下：

当 $\varepsilon<|\Delta P|\leq c_1$ 时，D 增量为正小（PS2）；当 $c_1<|\Delta P|\leq c_2$ 时，D 增量为正中（PM2）；当 $|\Delta P|>c_2$ 时，D 增量为正大（PL2）。其中，c_1、c_2 是正数，且满足 $\varepsilon<c_1<c_2$。

（5）"Ⅳ"区：$P(k+1)<P(k)$，$U(k+1)>U(k)$，$|\Delta P|>\varepsilon$，表示太阳能电池已偏离最大功率点位置，应减小 D。

在该区 MPPT 逻辑控制的控制输出如下：

当 $\varepsilon<|\Delta P|\leq d_1$ 时，D 增量为负小（NS2）；当 $d_1<|\Delta P|\leq d_2$ 时，D 增量为负中（NM2）；当 $|\Delta P|>d_2$ 时，D 增量为负大（NL2）。其中，d_1、d_2 是正数，且满足 $\varepsilon<d_1<d_2$。

太阳能电池最大功率点 P_{max} 控制规则如表 4-2 所示。

表 4-2　太阳能电池最大功率点 P_{max} 控制规则表

ΔU ＼ ΔP	$\Delta P > \varepsilon$			$\Delta P < -\varepsilon$			$|\Delta P| \leqslant \varepsilon$
	Ⅰ			Ⅳ			
>0	$\varepsilon < |\Delta P| \leqslant a_1$	$a_1 < |\Delta P| \leqslant a_2$	$|\Delta P| > a_2$	$\varepsilon < |\Delta P| \leqslant c_1$	$c_1 < |\Delta P| \leqslant c_2$	$|\Delta P| > c_2$	
	PS1	PM1	PL1	NS2	NM2	NL2	O
	Ⅱ			Ⅲ			
<0	$\varepsilon < |\Delta P| \leqslant b_1$	$b_1 < |\Delta P| \leqslant b_2$	$|\Delta P| > b_2$	$\varepsilon < |\Delta P| \leqslant d_1$	$d_1 < |\Delta P| \leqslant d_2$	$|\Delta P| > d_2$	
	NS1	NM1	NL1	PS2	PM2	PL2	

以泛布尔代数为逻辑基础,设置输入变量 X_1 表示 ΔP 的取值范围,X_1^1、X_1^2、X_1^3 分别表示 $|\Delta P| \leqslant \varepsilon$、$\Delta P > \varepsilon$、$\Delta P < -\varepsilon$ 等 3 个状态;输入变量 X_2 表示 ΔU 的符号(变化趋势),X_2^1、X_2^2 分别表示 $\Delta U > 0$、$\Delta U < 0$ 等 2 个状态;输入变量 X_3 表示 ΔP 的大小,$X_3^1 \sim X_3^{12}$ 分别表示 $\varepsilon < |\Delta P| \leqslant a_1$、$a_1 < |\Delta P| \leqslant a_2$、$|\Delta P| > a_2$、$\varepsilon < |\Delta P| \leqslant b_1$、$b_1 < |\Delta P| \leqslant b_2$、$|\Delta P| > b_2$、$\varepsilon < |\Delta P| \leqslant c_1$、$c_1 < |\Delta P| \leqslant c_2$、$|\Delta P| > c_2$、$\varepsilon < |\Delta P| \leqslant d_1$、$d_1 < |\Delta P| \leqslant d_2$、$|\Delta P| > d_2$ 等 12 个状态;设输出变量 Y_1 表示占空比的调节增量 ΔD,而 $Y_1^1 \sim Y_1^{13}$ 分别表示 ΔD 的 13 个取值:PS1、PM1、PL1、PS2、PM2、PL2、保持不变(O)、NS1、NM1、NL1、NS2、NM2、NL2 等 13 种状态。这样表 4-2 所示的控制规则就符号化为表 4-3。

表 4-3　太阳能电池最大功率点 P_{max} 控制规则的符号化

ΔD ＼ ΔP	X_1^2			X_1^3			X_1^1
X_2^1	X_3^1	X_3^2	X_3^3	X_3^7	X_3^8	X_3^9	
	Y_1^1	Y_1^2	Y_1^3	Y_1^{11}	Y_1^{12}	Y_1^{13}	Y_1^7
X_2^2	X_3^4	X_3^5	X_3^6	X_3^{10}	X_3^{11}	X_3^{12}	
	Y_1^8	Y_1^9	Y_1^{10}	Y_1^4	Y_1^5	Y_1^6	

由表 4-3 得表达式:

$$
\begin{cases}
Y_1^1 = X_1^2 X_2^1 X_3^1 \\
Y_1^2 = X_1^2 X_2^1 X_3^2 \\
Y_1^3 = X_1^2 X_2^1 X_3^3 \\
Y_1^4 = X_1^3 X_2^2 X_3^{10} \\
Y_1^5 = X_1^3 X_2^2 X_3^{11} \\
Y_1^6 = X_1^3 X_2^2 X_3^{12} \\
Y_1^7 = X_1^1 \\
Y_1^8 = X_1^2 X_2^2 X_3^4 \\
Y_1^9 = X_1^2 X_2^2 X_3^5 \\
Y_1^{10} = X_1^2 X_2^2 X_3^6 \\
Y_1^{11} = X_1^3 X_2^1 X_3^7 \\
Y_1^{12} = X_1^3 X_2^1 X_3^8 \\
Y_1^{13} = X_1^3 X_2^1 X_3^9
\end{cases}
\tag{4-3}
$$

为了编程可简化，设 $Y_1^1 \sim Y_1^7$ 分别表示 ΔD 的 7 个取值：PS1(PS2)、PM1(PM2)、PL1(PL2)、保持不变(O)、NS1(NS2)、NM1(NM2)、NL1(NL2)等 7 种状态。这样表 4-3 可简化为表 4-4。

表 4-4　太阳能电池最大功率点 $P_{\max}$ 控制规则简化表

ΔD ＼ ΔP	X_1^2			X_1^3			X_1^1
X_2^1	X_3^1	X_3^2	X_3^3	X_3^7	X_3^8	X_3^9	Y_1^4
	Y_1^1	Y_1^2	Y_1^3	Y_1^5	Y_1^6	Y_1^7	
X_2^2	X_3^4	X_3^5	X_3^6	X_3^{10}	X_3^{11}	X_3^{12}	
	Y_1^5	Y_1^6	Y_1^7	Y_1^1	Y_1^2	Y_1^3	

由表 4-4 得表达式：

$$
\begin{cases}
Y_1^1 = X_1^2 X_2^1 X_3^1 + X_1^3 X_2^2 X_3^{10} \\
Y_1^2 = X_1^2 X_2^1 X_3^2 + X_1^3 X_2^2 X_3^{11} \\
Y_1^3 = X_1^2 X_2^1 X_3^3 + X_1^3 X_2^2 X_3^{12} \\
Y_1^4 = X_1^1 \\
Y_1^5 = X_1^2 X_2^2 X_3^4 + X_1^3 X_2^1 X_3^7 \\
Y_1^6 = X_1^2 X_2^2 X_3^5 + X_1^3 X_2^1 X_3^8 \\
Y_1^7 = X_1^2 X_2^2 X_3^6 + X_1^3 X_2^1 X_3^9
\end{cases}
\tag{4-4}
$$

在实际工程应用中，设功率增量的允许值是正数 ε。根据式(4-3)[或式(4-4)]计算出 Y_1 的 7 种状态($Y_1^1 \sim Y_1^7$)中的一种为"真"，输出对应的 D，实现 MPPT 控制。

4.3.3　基于占空比的 MPPT 逻辑控制方法的实现步骤及流程

基于占空比的 MPPT 逻辑控制方法的实现步骤如下：

(1) 初始化：输入参数 ε，$D(0)=0$，$U(0)=0$，$I(0)=0$；

(2) 读取 $U(k)$、$I(k)$，计算 $P(k)$；

(3) 计算功率和电压增量：$\Delta P(k)=P(k)-P(k-1)$，$\Delta U(k)=U(k)-U(k-1)$；

(4) 判断 $|\Delta P(k)| \leqslant \varepsilon$？

(5) 当 $|\Delta P(k)| < \varepsilon$ 时，找到了最大功率点，转入(2)，否则转入(6)；

(6) 采用 MPPT 逻辑控制规则式(4-3)或式(4-4)，确定 Y_1 的 7 种(或 13 种)状态中的一种为"真"，选择对应的 $\Delta D(k+1)$；

(7) 计算并调节 Boost 电路的占空比：$D(k+1)=D(k)+\Delta D(k+1)$；

(8) 为下一次做准备：$P(k-1)=P(k)$，$U(k-1)=U(k)$，转入(2)。

这样"检测—判断—调节"周而复始地运行，实现最大功率点跟踪。基于占空比的 MPPT 逻辑控制方法流程图如图 4-11 所示。

```
            开始
             │
            初始化
             │
    ┌────────┤
    │    读取 U(k), I(k)
    │        │
    │   计算 ΔP(k), ΔU(k)
    │        │
    │  ΔP(k)=P(k)-P(k-1)
    │        │
    │Y   |ΔP(k)|≤ε?
    │        │ N
    │  按MPPT逻辑控制规则确定Y₁状态
    │        │
    │    选择 ΔD(k+1)
    │        │
    │ D(k+1)=D(k)+ΔD(k+1), 输出
    │        │
    │ P(k-1)=P(k), U(k-1)=U(k)
    └────────┘
```

图 4-11 基于占空比的 MPPT 逻辑控制方法流程图

4.4 CdTe 薄膜太阳能电池 MPPT 逻辑控制仿真

通过仿真得出不同光照强度和温度条件下 CdTe 薄膜太阳能电池的输出功率；为了体现出 MPPT 逻辑控制方法的优越性，同时还仿真了由电导增量法控制的输出功率。

4.4.1 光照强度和温度变化曲线设置

设定光照强度 S 变化曲线，如图 4-12 所示，温度设为 $T=25$ ℃（记为"条件 1"）；设定 $t=2$ s 时光伏电池温度为 25 ℃，光照强度从 600 W/m² 突升到 800 W/m²；$t=6$ s 时，光照强度降到 750 W/m²，并保持 750 W/m²，电池温度从 25 ℃升至 30 ℃（记为"条件 2"）。

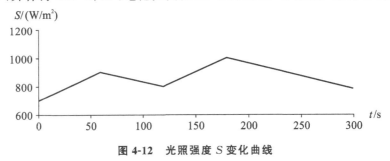

图 4-12 光照强度 S 变化曲线

4.4.2 电导增量法 MPPT 的仿真效果

太阳能电池最大功率点需满足的条件:

$$\frac{\mathrm{d}I}{\mathrm{d}U} = -\frac{I}{U} \tag{4-5}$$

通过比较 $\frac{\mathrm{d}I}{\mathrm{d}U}$ 确定 U 变化的方向,电导增量法控制流程图如图 4-13 所示。

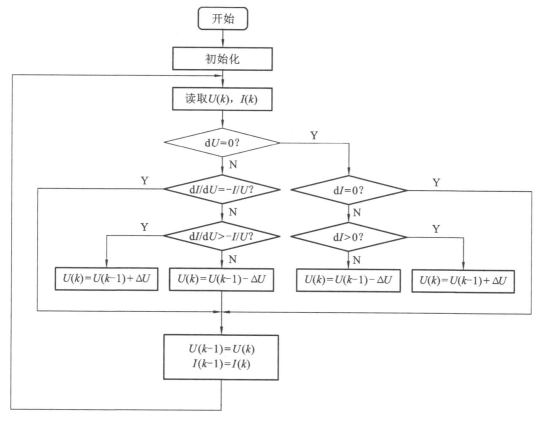

图 4-13 电导增量法控制流程图

仿真后得出在"条件 1"和"条件 2"下的 MPPT 电导增量法控制的功率输出曲线,分别如图 4-14 和图4-15所示。

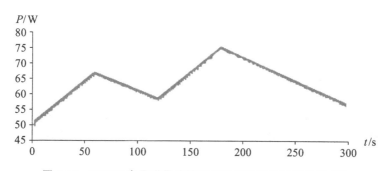

图 4-14 MPPT 电导增量法控制的功率输出曲线("条件 1")

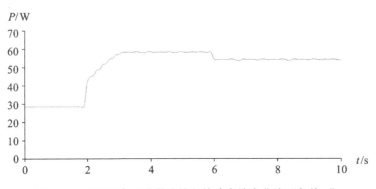

图 4-15 MPPT 电导增量法控制的功率输出曲线("条件 2")

从图 4-14 和图 4-15 可以看出:电导增量法 MPPT 效果比较好,但是工程实现相对较难。

4.4.3 MPPT 逻辑控制方法的仿真效果分析

根据式(4-4)建立 CdTe 薄膜太阳能电池 MPPT 逻辑控制的仿真模型,仿真后得出在"条件 1"和"条件 2"下的 MPPT 逻辑控制方法控制的功率输出曲线,分别如图 4-16 和图 4-17 所示。

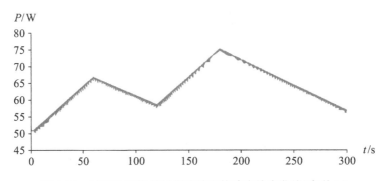

图 4-16 MPPT 逻辑控制方法控制的功率输出曲线(条件 1)

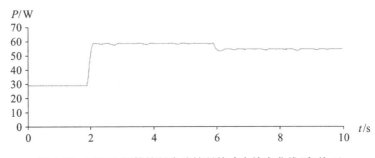

图 4-17 MPPT 逻辑控制方法控制的功率输出曲线(条件 2)

从图 4-16 和图 4-17 可以看出:MPPT 逻辑控制方法的系统响应时间(见图 4-17)比 MPPT 电导增量法(见图 4-15)要短,可以快速跟踪到 P_{max} 处,有较好的动态性能和稳态性能。

4.5 本章小结

本章阐述了太阳能电池发电 MPPT 控制系统的组成以及依托 DC-DC 变换电路实现 MPPT 的原理；研究了 MPPT 逻辑控制方法，并完成了 MPPT 仿真。主要工作及成果如下：

（1）仿真结果表明，不同类型的 DC-DC 变换电路占空比与太阳能电池输出功率之间存在不同的 P-D 关系；

（2）提出了基于占空比的 CdTe 薄膜太阳能电池发电系统 MPPT 逻辑控制方法；

（3）对 CdTe 薄膜太阳能电池发电系统 MPPT 逻辑控制方法进行了仿真，与 MPPT 电导增量法进行了比较，其仿真研究表明了 CdTe 薄膜太阳能 MPPT 逻辑控制方法具有较好的动态性能和稳态性能。

本章研究成果为 CdTe 薄膜太阳能电池发电系统的开发奠定了理论基础。

第5章 CdTe薄膜太阳能电池发电系统MPPT控制试验研究

为了验证CdTe薄膜太阳能电池发电系统MPPT逻辑控制方法的实用性及其提升效果，需要设计一套CdTe薄膜太阳能电池发电系统MPPT控制试验平台进行试验研究。

本章设计及研制CdTe薄膜太阳能电池发电系统MPPT控制试验平台；提出CdTe薄膜太阳能电池发电系统的MPPT控制试验方法；进行CdTe薄膜太阳能电池发电系统MPPT逻辑控制方法的试验研究；通过与MPPT电导增量法进行对比，验证CdTe薄膜太阳能电池发电系统MPPT逻辑控制方法的实用性及其提升效果。

5.1 CdTe薄膜太阳能电池发电系统MPPT控制试验平台的研制

CdTe薄膜太阳能电池发电系统MPPT控制试验平台能够将太阳能转换为电能并对负载进行供电，在该平台上进行CdTe薄膜太阳能电池发电系统的MPPT控制试验。本节主要由CdTe薄膜太阳能电池发电系统MPPT控制试验平台总体组成方案、CdTe薄膜太阳能电池发电系统MPPT控制试验平台硬件设计和CdTe薄膜太阳能电池发电系统MPPT控制试验平台软件设计三部分组成。

5.1.1 CdTe薄膜太阳能电池发电系统MPPT控制试验平台总体组成方案

为了能在室内或阴天进行试验，本书设计了模拟光源，利用弧形支架上的氙灯来模拟太阳及它的运行轨迹。通过CdTe薄膜太阳能电池板将光能转换为电能，经过DC-DC变换，直接对直流负载供电；通过DC-AC逆变器将直流电转换为交流电对交流负载进行供电，同时也可以通过充电模块对蓄电池充电。

根据图4-2所示的CdTe薄膜太阳能电池发电MPPT控制系统组成框图，CdTe薄膜太阳能电池发电系统MPPT控制试验平台由模拟光源、太阳能电池板、光照强度采集模块、温度采集模块、直流电压电流采集模块、MPPT控制器、充电模块、蓄电池组、直流负载、交流负载等组成。CdTe薄膜太阳能电池发电系统MPPT控制试验平台组成示意图如图5-1所示。

在图5-1中，模拟光源、DC-DC变换器（300 W小型变换器）、光强温度采集模块等均为自主设计和研发。研制成功的CdTe薄膜太阳能电池发电系统MPPT控制试验平台实物图如图5-2所示。

5.1.2 CdTe薄膜太阳能电池发电系统MPPT控制试验平台硬件设计

CdTe薄膜太阳能电池发电系统MPPT控制试验平台硬件结构如图5-3所示。

CdTe薄膜太阳能电池发电系统MPPT控制试验平台硬件结构主要包括：主控制器组成的控制系统、从控制器组成的采集系统、电子负载等。在该系统中，主控制器选用西门子PLC 200，从控制器选用STC89C52RC单片机。基于PLC的主控制系统包括直流电压电流

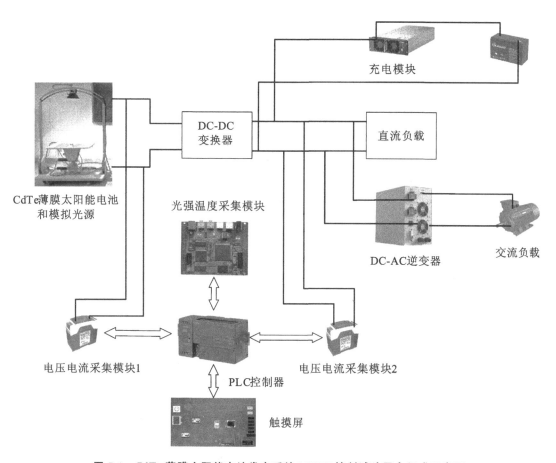

图 5-1 CdTe 薄膜太阳能电池发电系统 MPPT 控制试验平台组成示意图

图 5-2 CdTe 薄膜太阳能电池发电系统 MPPT 控制试验平台实物图

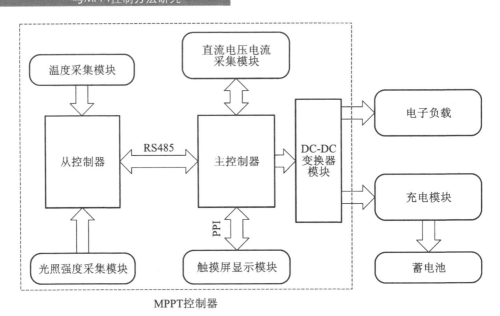

图 5-3　CdTe 薄膜太阳能电池发电系统 MPPT 控制试验平台硬件结构图

采集模块和触摸屏显示模块、DC-DC 变换器模块;基于单片机的光强温度采集系统包括光照强度采集模块和温度采集模块。单片机采集系统和 PLC 控制系统通过 RS485 总线连接进行通信,两个系统共同构成了 MPPT 控制器。

CdTe 薄膜太阳能电池发电系统 MPPT 控制试验平台硬件结构具体由以下部分组成。

(1)主控制器选用西门子 PLC 200,从控制器选用 STC89C52RC 单片机作为主控芯片,并外置一个看门狗芯片 X5043 来保证单片机采集系统的正常工作。

(2)光照强度采集模块主控芯片为 TSL2560T,采用单片机控制技术对实时采集的光照强度信号进行接收和处理,经过 A/D 转换后的光照强度信号传输到单片机中,单片机再通过 Modbus 总线协议传输给光伏发电自动跟踪系统的 PLC 控制器。

(3)温度采集模块通过温度传感器 DS18B20 检测环境温度,单片机读取温度值并通 Modbus 协议传输到 PLC 控制器。

(4)直流电压电流采集模块为 WB1926B35,包括对太阳能电池板输出的电流电压和 DC-DC 模块输出端的电流电压进行采集。采集的电流、电压模拟量采用光电隔离技术和数字采集及数据处理技术,对直流电流信号和电压信号进行实时采集和计算,并以 RS485 总线方式输出数据给 PLC。

(5)触摸屏型号为昆仑通态 TCP7062TD。

(6)DC-DC 模块采用推挽变换器,DC-DC 变换电路是一个 Boost 升压斩波电路,由 TL494 构成的 PWM 实现电路控制,通过 IR2110 来驱动开关管。

(7)电子负载为 0~20 Ω 的旋钮式滑动变阻器。

(8)充电模块采用型号为 LTC3780 的升降压可调电路。

(9)蓄电池为超威 12 V/10 AH 铅酸电池。

5.1.3　CdTe 薄膜太阳能电池发电系统 MPPT 控制试验平台软件设计

CdTe 薄膜太阳能电池发电系统 MPPT 控制试验平台软件功能框图如图 5-4 所示。

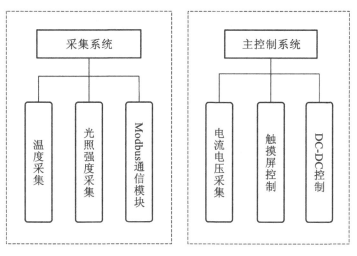

图 5-4　CdTe 薄膜太阳能电池发电系统 MPPT 控制试验平台软件功能框图

图 5-4 中,CdTe 薄膜太阳能电池发电系统 MPPT 控制试验平台软件主要分为:单片机采集系统软件、PLC 控制系统软件等。

单片机采集系统软件主要完成光照强度采集和温度采集,并通过 RS485 总线与 PLC 进行通信;PLC 控制系统软件主要完成电流/电压采集、触摸屏显示、DC-DC 控制以及 MPPT 逻辑控制算法的实现。单片机与 PLC 之间采用 Modbus 协议通信,MPPT 控制算法由 PLC 实现并经过 PLC 输出 PWM 控制信号驱动 DC-DC 变换器。

1. 光强温度采集系统软件设计

光强温度采集系统软件流程图如图 5-5 所示。

在图 5-5 中,采集系统软件流程主要包括:初始化程序、主程序、中断子程序、数据采集与处理子程序等。

主程序完成光照强度检测传感器和温度传感器的初始化配置以及数据的实时读取,并通过串口模拟 Modbus 协议与 PLC 控制器完成通信,将读取的光强和温度数值传输到 PLC 控制器;中断子程序实现 Modbus 接收数据、数据保存和接收标志位置位等。

2. 主控制系统软件设计

主控制系统软件流程图如图 5-6 所示。

基于 PLC 的主控制系统软件流程包括:初始化程序、电压/电流采集子程序、通信子程序和 MPPT 控制子程序等。

PLC 控制器实时采集电流/电压值,在此基础上,完成 MPPT 控制算法运算及处理,同时通过 Modbus 总线协议从单片机获取光照强度和温度数据,并将所有数据经过处理后显示在触摸屏上。

3. 基于逻辑控制的 MPPT 控制算法软件实现

MPPT 控制算法软件实现流程参照第 4 章图 4-11 所示。

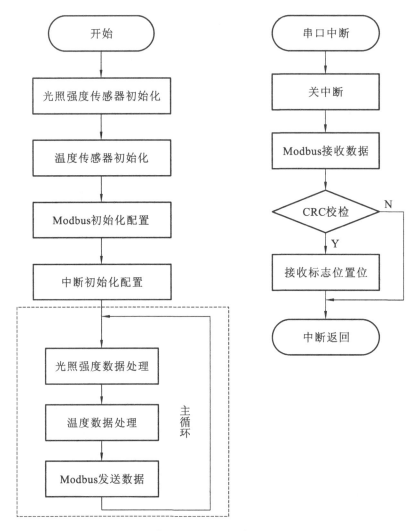

图 5-5　光强温度采集系统软件流程图

　　CdTe 薄膜太阳能电池发电 MPPT 试验平台的 MPPT 控制算法在主控制器中实现,通过 PWM 占空比控制 DC-DC 输出电压,从而实现最大功率点跟踪。

　　1）MPPT 控制算法软件实现流程

　　MPPT 控制算法软件实现流程主要完成:初始化、读取参数、计算功率和电压增量,采用 MPPT 控制规则寻找最大功率点,计算并调节 Boost 电路的占空比,进行"检测—判断—调节"闭环控制,实现最大功率点跟踪。

　　2）软件实现方法

　　通过软件实现:初始化输入参数 ε, $D(0)=0$, $U(0)=0$, $I(0)=0$;读取 $U(k)$、$I(k)$,计算 $P(k)$;计算功率和电压增量:$\Delta P(k)=P(k)-P(k-1)$;$\Delta U(k)=U(k)-U(k-1)$;判断 $|\Delta P(k)|$ 是否小于或等于 ε;当 $|\Delta P(k)|\leqslant\varepsilon$ 时,找到最大功率点;采用 MPPT 控制规则确定 Y_1 的 7 种（或 13 种）状态中的一种为"真";选择对应的 $\Delta D(k+1)$;计算并调节 Boost 电路的占空比:$D(k+1)=D(k)+\Delta D(k+1)$;准备下一次的 P 和 U:$P(k-1)=P(k)$,$U(k-1)=U(k)$;进行"检测—判断—调节"闭环控制,实现最大功率点跟踪。

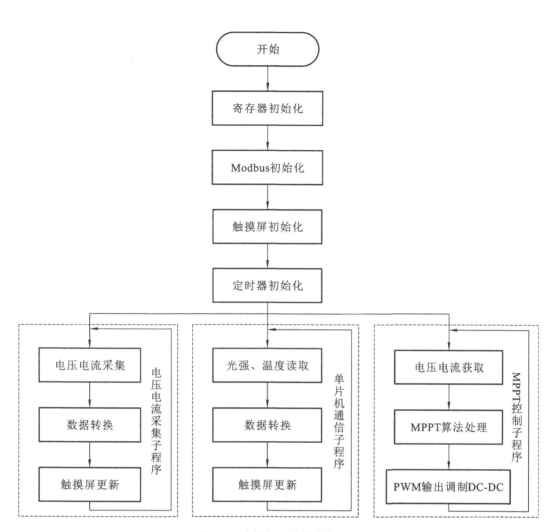

图 5-6　主控制系统软件流程图

4. 基于电导增量法的 MTTP 控制算法软件实现

基于电导增量法的 MTTP 控制算法软件实现流程参照第 4 章图 4-13 所示。

CdTe 薄膜太阳能电池发电 MPPT 试验平台的 MPPT 电导增量算法在主控制器中实现，通过比较输出电导的变化量和瞬时电导值的大小来决定参考电压变化的方向。

1）MPPT 逻辑控制算法软件实现流程

基于电导增量法的 MPPT 控制算法软件实现流程主要完成：初始化、读取参数、判断增量、计算电压电流，采用基于电导增量法的 MPPT 控制算法去寻找最大功率点，通过比较输出电导的变化量和瞬时值的大小来决定参考电压变化的方向，进行"检测—判断—调节"闭环控制，实现最大功率点跟踪。

2）软件实现方法

通过软件实现：初始化参数，$U(0)=0$，$I(0)=0$；读取 $U(k)$、$I(k)$，计算电压增量：$dU(k)=U(k)-U(k-1)$；判断 dU 是否为 0；当 $dU=0$ 时，进一步判断 dI 是否等于 0，若 $dI=0$ 则此刻找到最大功率点，否则当 $dI>0$ 时，则增加此刻的电压 $U(k)=U(k-1)+\Delta U$，当 $dI<0$，减小此刻的电压 $U(k)=U(k-1)-\Delta U$；当 $dU\neq0$ 时，进一步判断 $dI/dU=I/U$

是否成立,若成立则此刻找到最大功率点,否则当 $dI/dU > I/U$ 时,则增加此刻的电压 $U(k)=U(k-1)+\Delta U$,当 $dI/dU < I/U$ 时,则减小此刻的电压 $U(k)=U(k-1)-\Delta U$;准备下一次的 U 和 I:$U(k-1)=U(k)$,$I(k-1)=I(k)$,进行"检测—判断—调节"闭环控制,实现最大功率点跟踪。

5.2　CdTe 薄膜太阳能电池发电系统 MPPT 控制试验方法

CdTe 薄膜太阳能电池发电系统 MPPT 控制试验方法是 CdTe 薄膜太阳能电池发电系统输出特性试验和 CdTe 薄膜太阳能电池发电系统 MPPT 控制试验及验证的基础,本节主要由固定光照强度和温度下的 CdTe 薄膜太阳能电池的输出特性与 MPPT 控制试验方法、改变光照强度下的 CdTe 薄膜太阳能电池的输出特性与 MPPT 控制试验方法、改变温度条件下的 CdTe 薄膜太阳能电池的输出特性与 MPPT 控制试验方法、改变光照强度下的 CdTe 薄膜太阳能电池发电系统 MPPT 控制算法与电导增量法对比试验方法组成。

测试环境为某密闭性较好的室内实验室,温度通过两台 3 匹的大功率空调进行调节和控制,通过光强温度采集模块读取温度参数,为了保证温度值的准确性,同时也备有逸品博洋 HTC-1 温度计,用来进行温度测量。利用弧形支架上的氙灯来模拟太阳,通过光强温度采集模块读取光强参数,为了保证光强值的准确性,同时也备有华谊 MS6612 光照强度测量仪,用来进行光强测量。

在 CdTe 薄膜太阳能电池发电系统 MPPT 控制试验中,选用型号为 ASP-S2-75-11 的 CdTe 薄膜太阳能电池,在标准测试条件下,其主要参数分别为:最大测试功率 75 W、峰值工作电流 2.41 A、峰值工作电压 31.2 V、短路电流 2.77 A、开路电压 41.6 V。

5.2.1　固定光照强度和温度下的 CdTe 薄膜太阳能电池的输出特性与 MPPT 控制试验方法

首先,将光照强度和温度固定,光照强度为 1 000 W/m²,温度为 25 ℃。

其次,直流负载在 0~16 Ω 变化,其间隔为 1 Ω,对太阳能电池板输出电流 I_1 和电压 U_1 进行采样。

第三,绘制 I-U 曲线,根据公式 $P_1=I_1U_1$,求出功率 P_1 的值,并绘制 P-U 曲线,测量最大输出功率、电压和电流。

第四,在同等条件下加入 MPPT 控制方法,对太阳能电池板输出电流 I_1 和电压 U_1 进行采样,测量最大输出功率、电压和电流并绘制相关曲线进行对比分析。

5.2.2　改变光照强度下的 CdTe 薄膜太阳能电池的输出特性与 MPPT 控制试验方法

首先,将温度固定,通过模拟光源改变光照强度。

其次,直流负载在 0~16 Ω 变化,其间隔为 1 Ω,对太阳能电池板输出电流 I_1 和电压 U_1 进行采样。

第三,绘制 I-U 曲线,根据公式 $P_1=I_1U_1$,求出功率 P_1 的值,并绘制 P-U 曲线,测量最大输出功率、电压和电流。

第四,在同等条件下加入 MPPT 控制方法,对太阳能电池板输出电流 I_1 和电压 U_1 进行采样,测量最大输出功率、电压和电流并绘制相关曲线进行对比分析。

5.2.3　改变温度条件下的 CdTe 薄膜太阳能电池的输出特性与 MPPT 控制试验方法

首先,固定光照强度,通过室内空调改变电池板温度值。

其次,直流负载在 0~16 Ω 变化,其间隔为 1 Ω,对太阳能电池板输出电流 I_1 和电压 U_1 进行采样。

第三,绘制 *P-U* 曲线图,测量最大输出功率、电压和电流。

第四,在同等条件下,加入 MPPT 控制方法,对太阳能电池板输出电流 I_1 和电压 U_1 进行采样,测量最大输出功率、电压和电流,绘制 *P-U* 曲线并进行对比分析。

5.2.4　改变光照强度下的 CdTe 薄膜太阳能电池发电系统 MPPT 控制算法与电导增量法对比试验方法

首先,固定温度,通过模拟光源改变光照强度。

其次,直流负载在 0~16 Ω 之间进行调节,对太阳能电池板输出最大电流 I_2 和最大电压 U_2 进行采样,计算最大输出功率,并绘制最大输出功率 P 随时间变化的 *P-T* 曲线。

第三,固定光照强度,通过室内空调改变电池板温度值。

第四,直流负载在 0~16 Ω 之间进行调节,对太阳能电池板输出最大电流 I_2 和最大电压 U_2 进行采样,计算最大输出功率,并绘制最大输出功率 P 随时间变化的 *P-T* 曲线。

第五,在相同条件下,对比研究 MPPT 控制算法和 MPPT 电导增量法的最大输出功率和响应速度。

5.3　CdTe 薄膜太阳能电池发电系统输出特性与 MPPT 控制试验

在第 3 章和第 4 章研究的基础上,通过研制的 CdTe 薄膜太阳能电池发电系统 MPPT 控制试验平台,分别进行固定光照强度和温度下 CdTe 薄膜太阳能电池的输出特性与 MPPT 控制试验、变光照强度下 CdTe 薄膜太阳能电池的输出特性与 MPPT 控制试验、变温度下 CdTe 薄膜太阳能电池的输出特性与 MPPT 控制试验,验证 CdTe 薄膜太阳能电池发电系统输出特性和 MPPT 控制方法对 CdTe 薄膜太阳能电池板输出功率的影响。

5.3.1　固定光照强度和温度下 CdTe 薄膜太阳能电池的输出特性与 MPPT 控制试验

固定光照强度和温度下 CdTe 薄膜太阳能电池的输出特性与 MPPT 控制试验的条件如下:将室内空调温度设定为 $T=25$ ℃;通过模拟光源改变光照强度 S,将光照强度 S 调节固定为 1 000 W/m²;直流负载在 0~16 Ω 变化,其间隔为 1 Ω。

1. 开环控制(不加 MTTP 控制算法)

在不加入 MTTP 控制算法时,对太阳能电池板输出电流 I_1 和电压 U_1 进行采样;根据公式 $P_1=I_1 U_1$,计算功率 P_1;在固定光照强度和温度下,试验研究 CdTe 薄膜太阳能电池的最大输出功率、电压和电流关系,试验数据如表 5-1 所示。

表 5-1　固定光照强度和温度下 CdTe 薄膜太阳能电池的最大输出功率、电压和电流值

温度/℃	负载/Ω	光照强度/(W/m²)	最大输出电流 I_{max}/A	最大输出电压 U_{max}/V	最大输出功率 P_{max}/W
25	0	1 000	2.39	0.00	0.00
25	1	1 000	2.39	3.76	8.99
25	2	1 000	2.38	7.65	18.21
25	3	1 000	2.35	10.47	24.60
25	4	1 000	2.31	14.87	34.35
25	5	1 000	2.31	19.78	45.69
25	6	1 000	2.30	22.67	52.14
25	7	1 000	2.28	24.75	56.43
25	8	1 000	2.25	26.02	58.54
25	9	1 000	2.23	28.11	62.69
25	10	1 000	2.23	29.87	66.61
25	11	1 000	2.22	30.54	67.79
25	12	1 000	2.02	31.76	64.16
25	13	1 000	1.76	32.02	56.36
25	14	1 000	1.52	32.35	49.17
25	15	1 000	1.34	32.96	44.17
25	16	1 000	0.04	33.88	1.35

根据表 5-1 的数据,绘制出的 *I-U* 和 *P-U* 曲线,分别如图 5-7 和图 5-8 所示。

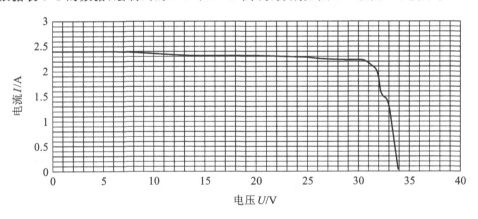

图 5-7　固定光照强度和温度下 CdTe 薄膜太阳能电池的 *I-U* 曲线(未加入 MPPT 控制算法)

2. 闭环控制(加 MPPT 控制算法)

在加入 MPPT 控制算法时,对平台太阳能电池板输出电流 I_1 和电压 U_1 进行采样,根据公式 $P_1 = I_1 U_1$,计算功率 P_1,固定光照强度和温度下 CdTe 薄膜太阳能电池的最大输出功率、电压和电流试验数据如表 5-2 所示。

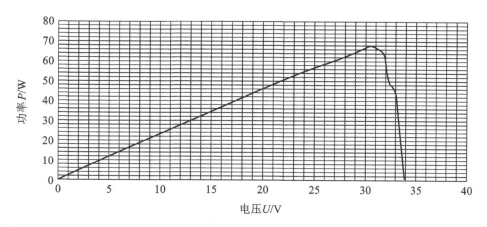

图 5-8　固定光照强度和温度下 CdTe 薄膜太阳能电池的 *P-U* 曲线（未加入 MPPT 控制算法）

表 5-2　固定光照强度和温度下 CdTe 薄膜太阳能电池的最大输出功率、电压和电流值（加 MPPT 控制算法）

温度 /℃	负载 /Ω	光照强度 /(W/m²)	最大输出电流 I_{max}/A	最大输出电压 U_{max}/V	最大输出功率 P_{max}/W	无控制 P_{max}/W	效果 /(%)
25	0	1 000	2.40	0.00	0	0.00	0
25	1	1 000	2.40	3.82	9.17	8.99	2.01
25	2	1 000	2.39	7.94	18.98	18.21	4.23
25	3	1 000	2.36	13.56	32.00	24.60	3.01
25	4	1 000	2.31	15.64	36.13	34.35	5.18
25	5	1 000	2.31	21.52	48.33	45.69	5.78
25	6	1 000	2.30	24.02	55.25	52.14	5.97
25	7	1 000	2.28	26.75	60.99	56.43	8.08
25	8	1 000	2.28	27.43	62.54	58.54	5.63
25	9	1 000	2.27	29.47	66.90	62.69	6.72
25	10	1 000	2.27	30.92	70.18	66.61	5.36
25	11	1 000	2.27	31.18	70.78	67.79	4.41
25	12	1 000	2.09	32.13	67.15	64.16	4.66
25	13	1 000	1.83	32.85	60.12	56.36	6.67
25	14	1 000	1.58	33.01	52.15	49.17	6.06
25	15	1 000	1.41	33.21	46.82	44.17	5.99
25	16	1 000	0.06	34.02	2.04	1.35	5.11

　　根据表 5-2 的数据，绘制固定光照强度和温度下加入 MPPT 控制算法后的 *I-U* 和 *P-U* 曲线，分别如图 5-9 和图 5-10 所示。

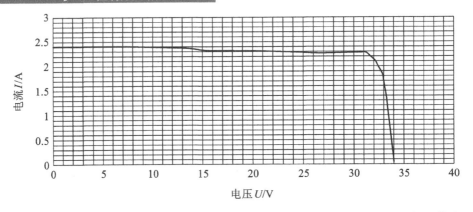

图 5-9　固定光照强度和温度下 CdTe 薄膜太阳能电池的 *I-U* 曲线(加入 MPPT 控制算法)

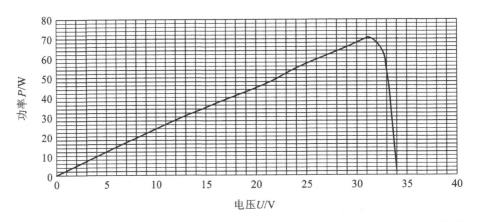

图 5-10　固定光照强度和温度下 CdTe 薄膜太阳能电池的 *P-U* 曲线(加入 MPPT 控制算法)

固定光照强度和温度下,加入 MPPT 控制算法前后的 CdTe 薄膜太阳能电池的 *P-U* 对比曲线如图 5-11 所示。

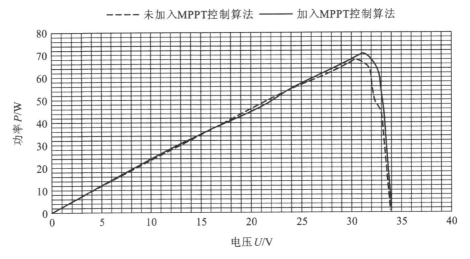

图 5-11　固定光照强度和温度下 CdTe 薄膜太阳能电池的 *P-U* 对比曲线

通过固定光照强度和温度下 CdTe 薄膜太阳能电池的输出特性与 MPPT 控制试验,可以得出以下结论:

（1）固定光照强度和温度下，得到的 CdTe 薄膜太阳能电池的 I-U 曲线和 P-U 曲线，试验结果与仿真结果基本吻合。

（2）在相同条件下（未加入 MPPT 控制算法），试验数据与仿真数据基本吻合，$T=25$ ℃，$S=1\,000\ \mathrm{W/m^2}$，$R_\mathrm{L}=11\ \Omega$，最大输出功率为 67.79 kW。

（3）由图 5-11 可知，在光照强度和温度条件相同的情况下，加入 MPPT 控制算法与未加入 MPPT 控制算法相比，CdTe 薄膜太阳能电池的输出功率明显高出 5% 左右。

5.3.2 变光照强度下 CdTe 薄膜太阳能电池的输出特性与 MPPT 控制试验

变光照强度下 CdTe 薄膜太阳能电池的输出特性试验的条件如下：将室内空调温度设定为 $T=25$ ℃；通过模拟光源系统改变光照强度 S，将光照强度 S 的调节范围控制在 $200\sim1\,000\ \mathrm{W/m^2}$，选择 S 分别为 400 $\mathrm{W/m^2}$ 和 700 $\mathrm{W/m^2}$ 进行测试；直流负载在 $0\sim16\ \Omega$ 变化，其间隔为 1 Ω。

1. 开环控制（不加 MTTP 控制算法）

在不加入 MTTP 控制算法时，对太阳能电池板输出电流 I_1 和电压 U_1 进行采样；根据公式 $P_1=I_1U_1$，计算功率 P_1；在变光照强度下，试验研究 CdTe 薄膜太阳能电池的最大输出功率、电压和电流关系，得到的试验数据如表 5-3 所示。

表 5-3 变光照强度下 CdTe 薄膜太阳能电池的最大输出功率、电压和电流值

负载/Ω	S(400 $\mathrm{W/m^2}$)			S(700 $\mathrm{W/m^2}$)		
	最大输出电流 I_max/A	最大输出电压 U_max/V	最大输出功率 P_max/W	最大输出电流 I_max/A	最大输出电压 U_max/V	最大输出功率 P_max/W
0	0.97	0.00	0.00	1.60	0.00	0.00
1	0.95	2.67	2.54	1.60	3.76	5.94
2	0.95	6.48	6.16	1.60	7.65	12.16
3	0.95	9.54	9.06	1.60	10.47	16.65
4	0.94	13.65	12.83	1.60	14.87	23.64
5	0.94	18.68	17.56	1.60	19.78	31.65
6	0.94	21.43	20.14	1.61	22.67	36.50
7	0.94	22.69	21.32	1.61	24.75	39.85
8	0.93	23.13	21.51	1.61	26.02	41.89
9	0.92	24.15	22.22	1.61	28.11	45.26
10	0.92	25.63	23.58	1.62	29.45	47.71
11	0.91	26.58	24.19	1.62	29.87	48.39
12	0.85	26.91	22.87	1.47	30.14	44.21
13	0.81	27.53	22.29	1.31	30.51	39.77
14	0.75	28.02	21.02	1.20	30.88	36.95
15	0.68	28.46	19.35	1.13	31.09	35.24
16	0.03	28.97	0.87	0.04	31.43	1.25

根据表 5-3 的数据,绘制出的 I-U 和 P-U 曲线,分别如图 5-12 和图 5-13 所示。

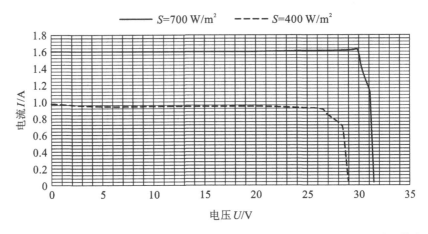

图 5-12 变光照强度下 CdTe 薄膜太阳能电池的 I-U 曲线(未加入 MPPT 控制算法)

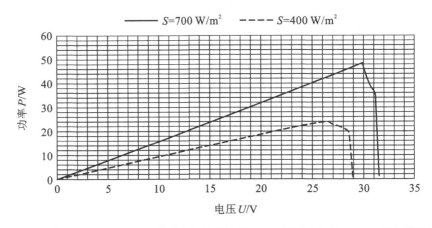

图 5-13 变光照强度下 CdTe 薄膜太阳能电池的 P-U 曲线(未加入 MPPT 控制算法)

2. 闭环控制(加 MPPT 控制算法)

在加入 MPPT 控制算法时,对平台太阳能电池板输出电流 I_1 和电压 U_1 进行采样,根据公式 $P_1 = I_1 U_1$,计算功率 P_1,变光照强度下加入 MPPT 控制算法后 CdTe 薄膜太阳能电池的最大输出功率、电压和电流试验数据如表 5-4 所示。

表 5-4 变光照强度下 CdTe 薄膜太阳能电池的最大输出功率、电压和电流值(加入 MPPT 控制算法)

温度 /℃	负载 /Ω	光照强度 /(W/m²)	最大输出电流 I_{max}/A	最大输出电压 U_{max}/V	最大输出功率 P_{max}/W	无控制 P_{max}/W	效果 /(%)
25	0	400	0.98	0.00	0.00	0.00	0.00
25	1	400	0.96	2.72	2.61	2.54	2.76
25	2	400	0.96	6.55	6.29	6.16	2.07
25	3	400	0.96	10.12	9.71	9.06	7.17
25	4	400	0.95	14.51	13.78	12.83	7.40

温度 /℃	负载 /Ω	光照强度 /(W/m²)	最大输出电流 I_{max}/A	最大输出电压 U_{max}/V	最大输出功率 P_{max}/W	无控制 P_{max}/W	效果 /(%)
25	5	400	0.95	19.48	18.50	17.56	5.35
25	6	400	0.95	21.83	20.74	20.14	3.00
25	7	400	0.95	23.39	22.22	21.32	4.22
25	8	400	0.95	23.95	22.75	21.51	5.76
25	9	400	0.94	24.88	23.39	22.22	5.27
25	10	400	0.94	26.23	24.66	23.58	4.58
25	11	400	0.94	27.13	25.50	24.19	5.42
25	12	400	0.89	27.91	24.84	22.87	8.61
25	13	400	0.86	28.15	24.20	22.29	8.56
25	14	400	0.78	28.92	22.56	21.02	7.33
25	15	400	0.70	29.26	20.48	19.35	5.84
25	16	400	0.03	30.09	0.90	0.87	3.45
25	0	700	1.60	0.00	0.00	0.00	0.00
25	1	700	1.60	3.92	6.27	5.94	5.56
25	2	700	1.60	8.15	13.04	12.16	7.23
25	3	700	1.60	10.98	17.57	16.65	5.53
25	4	700	1.60	15.22	24.35	23.64	3.00
25	5	700	1.61	20.28	32.65	31.65	3.16
25	6	700	1.61	23.56	37.93	36.50	3.92
25	7	700	1.62	25.62	41.50	39.85	4.41
25	8	700	1.62	26.97	43.69	41.89	4.30
25	9	700	1.62	29.48	47.76	45.26	5.52
25	10	700	1.64	30.57	50.13	47.71	5.07
25	11	700	1.64	30.75	50.43	48.39	4.22
25	12	700	1.49	31.16	46.43	44.21	5.02
25	13	700	1.32	31.93	42.14	39.77	5.96
25	14	700	1.23	32.55	40.04	36.95	8.36
25	15	700	1.16	32.66	37.89	35.24	7.52
25	16	700	0.04	33.02	1.32	1.25	5.60

根据表 5-4 的数据,绘制变光照强度下加入 MPPT 控制算法后的 I-U 和 P-U 曲线,分别如图 5-14 和图 5-15 所示。

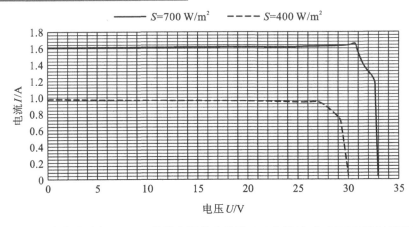

图 5-14　变光照强度下 CdTe 薄膜太阳能电池的 *I-U* 曲线（加入 MPPT 控制算法）

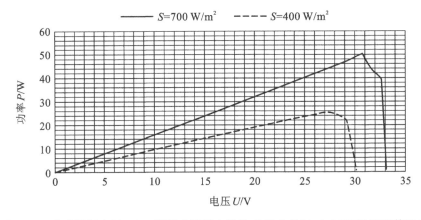

图 5-15　变光照强度下 CdTe 薄膜太阳能电池的 *P-U* 曲线（加入 MPPT 控制算法）

通过变光照强度下 CdTe 薄膜太阳能电池的输出特性与 MPPT 控制试验，可以得出以下结论：

（1）变光照强度条件下，得到的 CdTe 薄膜太阳能电池的 *I-U* 曲线和 *P-U* 曲线，试验结果与仿真结果基本吻合。

（2）在温度不变的情况下，光照强度在 0～1 000 W/m² 变化范围内，随着光照强度的增强，CdTe 薄膜太阳能电池输出电流增大，输出功率也在增大。

（3）光照强度在 0～1 000 W/m² 变化范围内，CdTe 太阳能电池的转换率随光照强度的增加呈上升趋势，最高可达到 90%。

（4）通过改变光照强度，加入 MPPT 控制算法与未加入 MPPT 控制算法相比，CdTe 薄膜太阳能电池的输出功率明显高出 6% 左右。

5.3.3　变温度下 CdTe 薄膜太阳能电池的输出特性与 MPPT 控制试验

变温度下 CdTe 薄膜太阳能电池的输出特性试验的条件如下：将模拟光源的光照强度 *S* 调整到 1 000 W/m²，通过室内空调调节温度 *T*，其温度调节范围为 16～30 ℃，选择 *T* 分别为 15 ℃ 和 30 ℃ 进行测试；直流负载在 0～16 Ω 变化，其间隔为 1 Ω。

1. 升环控制（未加入 MPPT 控制算法）

在未加入 MPPT 控制算法时，对平台太阳能电池板输出电流 I_1 和电压 U_1 进行采样，根

据公式 $P_1 = I_1 U_1$，计算功率 P_1，绘制 P-U 曲线。

变温度下 CdTe 薄膜太阳能电池的最大输出功率、电压和电流试验数据如表 5-5 所示。

表 5-5 变温度下 CdTe 薄膜太阳能电池的最大输出功率、电压和电流值

负载/Ω	T/15 ℃			T/30 ℃		
	最大输出电流 I_{max}/A	最大输出电压 U_{max}/V	最大输出功率 P_{max}/W	最大输出电流 I_{max}/A	最大输出电压 U_{max}/V	最大输出功率 P_{max}/W
0	2.35	0.00	0.00	2.32	0.00	0.00
1	2.32	4.04	9.37	2.28	3.05	6.95
2	2.30	8.24	18.95	2.27	7.13	16.19
3	2.30	13.96	32.11	2.23	9.87	22.01
4	2.28	16.24	37.03	2.23	14.05	31.33
5	2.28	22.22	50.66	2.23	18.73	41.77
6	2.28	24.76	56.45	2.23	22.02	49.10
7	2.25	27.65	62.21	2.22	24.01	53.30
8	2.25	28.34	63.77	2.21	25.71	56.82
9	2.24	29.27	65.57	2.20	27.43	60.35
10	2.24	31.03	69.51	2.19	28.77	63.01
11	2.20	31.48	69.26	2.19	29.84	65.35
12	2.12	31.97	67.78	2.01	30.96	62.23
13	1.98	32.45	64.25	1.74	31.76	55.26
14	1.02	32.95	33.61	0.93	32.02	29.78
15	0.76	33.59	25.53	0.62	32.75	20.31
16	0.05	34.01	1.70	0.03	33.06	0.99

根据表 5-5 的数据，绘制在变温度下 CdTe 薄膜太阳能电池的 I-U 和 P-U 曲线，如图 5-16 和图 5-17 所示。

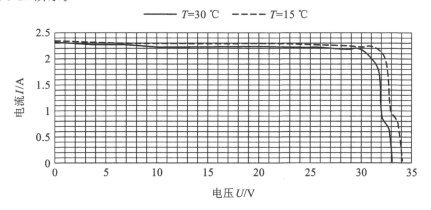

图 5-16 变温度下 CdTe 薄膜太阳能电池的 I-U 曲线（未加入 MPPT 控制算法）

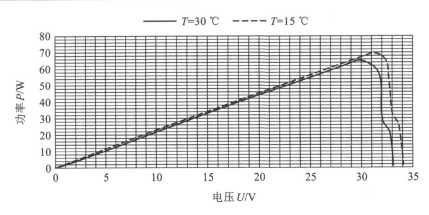

图 5-17 变温度下 CdTe 薄膜太阳能电池的 P-U 曲线(未加入 MPPT 控制算法)

2. 闭环控制(加入 MPPT 控制算法)

在加入 MPPT 控制算法时,对平台太阳能电池板输出电流 I_1 和电压 U_1 进行采样,根据公式 $P_1 = I_1 U_1$,计算功率 P_1,绘制 P-U 曲线。

加入 MPPT 控制算法后,变温度下 CdTe 薄膜太阳能电池的最大输出功率、电压和电流试验数据如表 5-6 所示。

表 5-6 变温度下 CdTe 薄膜太阳能电池最大输出功率、电压和电流值(加入 MPPT 控制算法)

温度/℃	负载/Ω	光照强度/(W/m²)	最大输出电流 I_{max}/A	最大输出电压 U_{max}/V	最大输出功率 P_{max}/W	无控制 P_{max}/W	效果/(%)
15	0	1 000	2.35	0.00	0.00	0.00	0.00
15	1	1 000	2.32	4.26	9.88	9.37	5.48
15	2	1 000	2.31	8.53	19.71	18.95	3.98
15	3	1 000	2.31	14.37	33.19	32.11	3.38
15	4	1 000	2.29	16.74	38.33	37.03	3.52
15	5	1 000	2.29	22.98	52.62	50.66	3.88
15	6	1 000	2.28	25.83	58.89	56.45	4.33
15	7	1 000	2.26	28.37	64.12	62.21	3.06
15	8	1 000	2.26	29.62	66.94	63.77	4.97
15	9	1 000	2.26	30.68	69.34	65.57	5.74
15	10	1 000	2.25	31.95	71.89	69.51	3.42
15	11	1 000	2.24	32.48	72.76	69.26	5.05
15	12	1 000	2.15	32.91	70.76	67.78	4.39
15	13	1 000	2.04	33.14	67.61	64.25	5.22
15	14	1 000	1.06	33.41	35.42	33.61	5.37
15	15	1 000	0.80	33.96	27.17	25.53	6.42

温度 /℃	负载 /Ω	光照强度 /(W/m²)	最大输出电流 I_{max}/A	最大输出电压 U_{max}/V	最大输出功率 P_{max}/W	无控制 P_{max}/W	效果 /(%)
15	16	1 000	0.05	34.43	1.72	1.70	1.26
30	0	1 000	2.32	0.00	0.00	0	0.00
30	1	1 000	2.28	3.17	7.23	6.95	3.99
30	2	1 000	2.28	7.45	16.99	16.19	4.92
30	3	1 000	2.27	10.08	22.88	22.01	3.96
30	4	1 000	2.27	14.62	33.19	31.33	5.93
30	5	1 000	2.26	19.38	43.80	41.77	4.86
30	6	1 000	2.26	22.96	51.89	49.10	5.68
30	7	1 000	2.26	25.02	56.55	53.30	6.09
30	8	1 000	2.24	26.67	59.74	56.82	5.14
30	9	1 000	2.21	29.03	64.16	60.35	6.31
30	10	1 000	2.21	30.37	67.12	63.01	6.52
30	11	1 000	2.21	30.75	67.96	65.35	3.99
30	12	1 000	2.04	31.36	63.97	62.23	2.80
30	13	1 000	1.82	31.93	58.11	55.26	5.16
30	14	1 000	0.96	32.32	31.03	29.78	4.19
30	15	1 000	0.65	32.66	21.23	20.31	4.52
25	16	1 000	0.04	33.02	1.32	0.99	3.34

根据表 5-6 的数据,绘制变温度下加入 MPPT 控制算法后 CdTe 薄膜太阳能电池的 I-U 和 P-U 曲线,分别如图 5-18 和图 5-19 所示。

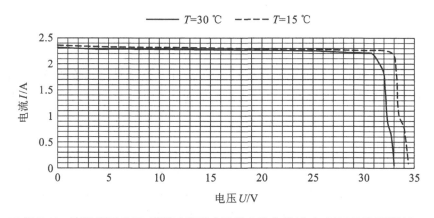

图 5-18 变温度下 CdTe 薄膜太阳能电池的 I-U 曲线(加入 MPPT 控制算法)

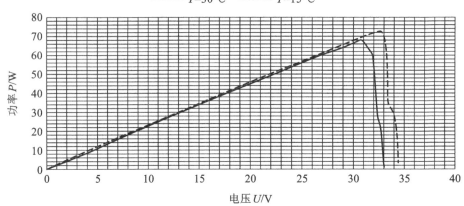

图 5-19　变温度下 CdTe 薄膜太阳能电池的 P-U 曲线(加入 MPPT 控制算法)

通过变温度下 CdTe 薄膜太阳能电池的输出特性与 MPPT 控制试验,可以得出以下结论:

(1) 变温度条件下,得到的 CdTe 薄膜太阳能电池的 I-U 曲线和 P-U 曲线,试验结果与仿真结果基本吻合。

(2) 相同条件下,在 0~40 ℃范围内,随着温度的升高,最大功率 P_{max} 会逐渐下降。

(3) 太阳能电池最大功率点输出电流对温度变化不敏感。

(4) 通过改变温度,加入 MPPT 算法与未加入 MPPT 算法相比,CdTe 薄膜太阳能电池的输出功率明显高出 5% 左右。

5.4　CdTe 薄膜太阳能电池发电系统 MPPT 控制对比试验及验证

在第 4 章研究的基础上,对 CdTe 薄膜太阳能电池发电系统 MPPT 控制试验方法进行试验及验证。通过研制的 CdTe 薄膜太阳能电池发电系统 MPPT 控制试验平台,分别以MPPT 控制算法和 MPPT 电导增量法在不同光照强度和温度条件下,试验验证 MPPT 控制方法对 CdTe 薄膜太阳能电池发电系统的控制效果。

5.4.1　变光强下 CdTe 薄膜太阳能电池发电系统的 MPPT 控制对比试验

变光强下 CdTe 薄膜太阳能电池发电系统的 MPPT 控制对比试验的条件:固定温度为25 ℃,通过模拟光源改变光照强度,同时直流负载在 0~16 Ω 之间进行调节,对太阳能电池板最大输出电流和最大输出电压进行采样。

1. MPPT 控制算法

设定的测试环境为 0~1 000 s 光照强度为 700 W/m²,1 000~2 000 s 光照强度为1 000 W/m²,2 000~3 000 s 光照强度为 900 W/m²,测试间隔为 100 s,在变光照条件下CdTe 薄膜太阳能电池发电系统 MPPT 控制算法的最大输出功率、电压和电流试验数据如表 5-7 所示。

表 5-7　变光强下 MPPT 控制算法的最大输出功率、电压和电流值

温度/℃	光照强度/(W/m²)	测试时间/s	最大输出电流 I_{max}/A	最大输出电压 U_{max}/V	最大输出功率 P_{max}/W
25	700	100	1.64	30.74	50.41
25	700	200	1.65	30.75	50.73
25	700	300	1.63	30.75	50.12
25	700	400	1.64	30.72	50.38
25	700	500	1.62	30.71	49.75
25	700	600	1.61	30.72	49.45
25	700	700	1.62	30.71	49.75
25	700	800	1.64	30.71	50.36
25	700	900	1.65	30.74	50.72
25	700	1 000	1.64	30.7	50.35
25	1 000	1100	2.25	30.43	68.47
25	1 000	1200	2.27	30.57	69.39
25	1 000	1300	2.28	30.59	69.75
25	1 000	1400	2.26	30.56	69.07
25	1 000	1500	2.29	30.57	70.01
25	1 000	1600	2.30	30.58	70.33
25	1 000	1700	2.28	30.59	69.75
25	1 000	1800	2.26	30.58	69.11
25	1 000	1900	2.29	30.57	70.01
25	1 000	2000	2.29	30.58	70.03
25	900	2100	2.03	30.45	61.81
25	900	2200	2.02	30.44	61.49
25	900	2300	2.02	30.45	61.51
25	900	2400	2.01	30.46	61.22
25	900	2500	2.03	30.45	61.81
25	900	2600	2.04	30.43	62.08
25	900	2700	2.03	30.44	61.79
25	900	2800	2.02	30.45	61.51
25	900	2900	2.03	30.46	61.83
25	900	3000	2.02	30.47	61.55

根据表 5-7 的数据，光照强度依次为 700 W/m²、1 000 W/m² 和 900 W/m²，环境温度为 25 ℃，R_L 在 0~16 Ω 之间进行调节，CdTe 薄膜太阳能电池发电系统采用 MPPT 控制算法

试验最大功率与时间之间对应的 $P\text{-}T$ 曲线如图 5-20 所示。

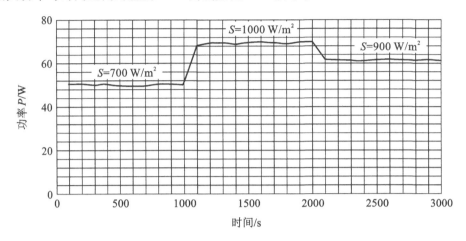

图 5-20 变光强下 CdTe 薄膜太阳能电池发电系统 MPPT 控制算法的 $P\text{-}T$ 曲线

2. 电导增量法

将本书重点研究的 MPPT 控制算法和传统的 MPPT 电导增量法进行效果对比,测试间隔为 100 s,在变光照强度下,电导增量法的试验数据如表 5-8 所示。

表 5-8 变光强下 CdTe 薄膜太阳能电池发电系统电导增量法的最大输出功率、电压和电流值

温度/℃	光照强度/(W/m²)	测试时间/s	最大输出电流 I_{max}/A	最大输出电压 U_{max}/V	最大输出功率 P_{max}/W
25	700	100	1.60	30.62	48.99
25	700	200	1.63	30.68	50.01
25	700	300	1.64	30.68	50.32
25	700	400	1.61	30.68	50.40
25	700	500	1.61	30.70	49.43
25	700	600	1.61	30.70	49.43
25	700	700	1.62	30.69	49.72
25	700	800	1.62	30.69	49.72
25	700	900	1.63	30.71	50.06
25	700	1 000	1.63	30.68	50.01
25	1 000	1100	2.20	30.45	66.99
25	1 000	1200	2.21	30.45	67.29
25	1 000	1300	2.21	30.45	67.29
25	1 000	1400	2.22	30.44	67.58
25	1 000	1500	2.22	30.44	67.58
25	1 000	1600	2.20	30.45	66.99
25	1 000	1700	2.20	30.47	67.03

温度/℃	光照强度/(W/m²)	测试时间/s	最大输出电流 I_{max}/A	最大输出电压 U_{max}/V	最大输出功率 P_{max}/W
25	1 000	1800	2.19	30.47	66.73
25	1 000	1900	2.19	30.47	66.73
25	1 000	2000	2.20	30.47	67.03
25	900	2100	2.01	30.36	61.02
25	900	2200	2.01	30.37	61.04
25	900	2300	2.01	30.37	61.04
25	900	2400	2.00	30.36	60.72
25	900	2500	2.00	30.36	60.72
25	900	2600	2.00	30.36	60.72
25	900	2700	2.00	30.36	60.72
25	900	2800	2.02	30.35	61.31
25	900	2900	2.02	30.35	61.31
25	900	3000	2.02	30.36	61.33

　　根据表 5-8 的数据,光照强度依次为 700 W/m²、1 000 W/m² 和 900 W/m²,环境温度为 25 ℃,R_L 在 0～16 Ω 之间进行调节,CdTe 薄膜太阳能电池发电系统采用电导增量法控制试验最大功率与时间之间对应的 P-T 曲线如图 5-21 所示。

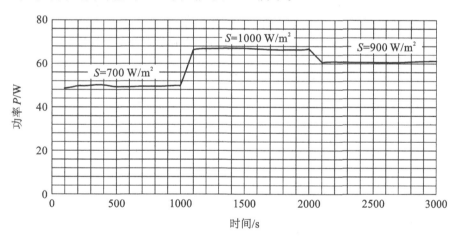

图 5-21　变光强下 CdTe 薄膜太阳能电池发电系统电导增量法的 P-T 曲线

　　将本书重点研究的 MPPT 控制算法和传统的电导增量法进行效果对比,得到变光强下 CdTe 薄膜太阳能电池发电系统 MPPT 控制算法与电导增量法的对比 P-T 曲线,如图 5-22 所示。

　　由图 5-22 可知,CdTe 薄膜太阳能电池发电系统,在变光强条件下,采用 MTTP 控制算法明显优于采用电导增量法得到的 P-T 动态响应图,相同条件下,采用 MPPT 控制算法的 CdTe 薄膜太阳能电池发电系统的转化效率要比后者高 3%～5%,两者响应速度相当。

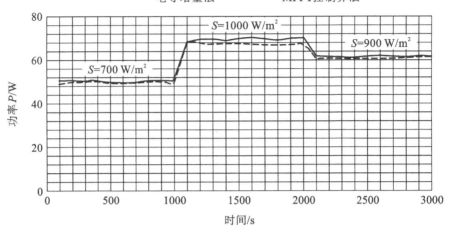

图 5-22　变光强下 CdTe 薄膜太阳能电池发电系统采用 MPPT 控制算法和
采用电导增量法的 P-T 对比曲线

5.4.2　变温度下 CdTe 薄膜太阳能电池发电系统的 MPPT 控制试验

变温度下 CdTe 薄膜太阳能电池发电系统的 MPPT 控制对比试验的条件：通过调节模拟光源固定光照强度为 1 000 W/m²，改变温度，同时直流负载在 0～16 Ω 之间进行调节，对太阳能电池板最大输出电流和最大输出电压进行采样。

1. MPPT 控制算法

设定的测试环境为 0～1 000 s 温度为 25 ℃，1 000～2000 s 温度为 15 ℃，2 000～3 000 s 温度为 30 ℃，测试间隔为 100 s，在变温度条件下 CdTe 薄膜太阳能电池发电系统 MPPT 控制算法的最大输出功率、电压和电流试验数据如表 5-9 所示。

表 5-9　变温度下 CdTe 薄膜太阳能电池发电系统 MPPT 控制算法的最大输出功率、电压和电流值

温度/℃	光照强度/(W/m²)	测试时间/s	最大输出电流 I_{max}/A	最大输出电压 U_{max}/V	最大输出功率 P_{max}/W
25	1 000	100	2.25	30.41	68.42
25	1 000	200	2.27	30.50	69.23
25	1 000	300	2.28	30.43	69.38
25	1 000	400	2.26	30.43	68.77
25	1 000	500	2.29	30.43	69.68
25	1 000	600	2.30	30.45	70.03
25	1 000	700	2.28	30.46	69.45
25	1 000	800	2.26	30.43	69.11
25	1 000	900	2.29	30.45	68.77
25	1 000	1 000	2.29	30.45	68.77
15	1 000	1100	2.27	30.87	70.07
15	1 000	1200	2.27	30.87	70.07

温度/℃	光照强度/(W/m²)	测试时间/s	最大输出电流 I_{max}/A	最大输出电压 U_{max}/V	最大输出功率 P_{max}/W
15	1 000	1300	2.28	30.87	70.39
15	1 000	1400	2.27	30.85	70.03
15	1 000	1500	2.29	30.85	70.65
15	1 000	1600	2.30	30.85	70.96
15	1 000	1700	2.28	30.83	70.29
15	1 000	1800	2.27	30.85	70.03
15	1 000	1900	2.29	30.85	70.65
15	1 000	2000	2.29	30.84	70.63
30	1 000	2100	2.22	30.41	67.51
30	1 000	2200	2.22	30.42	67.53
30	1 000	2300	2.22	30.42	67.53
30	1 000	2400	2.23	30.41	67.81
30	1 000	2500	2.22	30.41	67.51
30	1 000	2600	2.22	30.41	67.51
30	1 000	2700	2.22	30.40	67.49
30	1 000	2800	2.22	30.42	67.53
30	1 000	2900	2.22	30.39	67.47
30	1 000	3000	2.22	30.43	67.55

根据表 5-9 的数据,环境温度依次为 25 ℃、15 ℃和 30 ℃,光照强度为 1 000 W/m²,R_L 在 0～16 Ω 之间进行调节,CdTe 薄膜太阳能电池发电系统采用 MPPT 控制算法试验最大功率与时间之间对应的 P-T 曲线如图 5-23 所示。

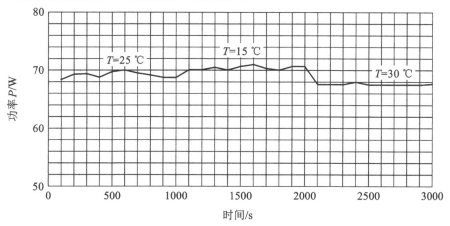

图 5-23　变温度下 CdTe 薄膜太阳能电池发电系统 MPPT 控制算法的 P-T 曲线

2. 电导增量法

将本书重点研究的 MPPT 控制算法和传统的电导增量法进行效果对比,测试间隔为 100 s,在变温度条件下,电导增量法的试验数据如表 5-10 所示。

表 5-10　变温度下 CdTe 薄膜太阳能电池发电系统电导增量法的最大输出功率、电压和电流值

温度/℃	光照强度/(W/m²)	测试时间/s	最大输出电流 I_{max}/A	最大输出电压 U_{max}/V	最大输出功率 P_{max}/W
25	1 000	100	2.20	30.45	66.99
25	1 000	200	2.21	30.45	67.29
25	1 000	300	2.21	30.45	67.29
25	1 000	400	2.22	30.44	67.58
25	1 000	500	2.22	30.44	67.58
25	1 000	600	2.20	30.45	66.99
25	1 000	700	2.20	30.47	67.03
25	1 000	800	2.19	30.47	66.73
25	1 000	900	2.19	30.47	66.73
25	1 000	1 000	2.20	30.47	67.03
15	1 000	1100	2.27	30.67	69.69
15	1 000	1200	2.27	30.67	69.71
15	1 000	1300	2.28	30.67	70.02
15	1 000	1400	2.26	30.68	69.36
15	1 000	1500	2.29	30.66	70.28
15	1 000	1600	2.30	30.67	70.56
15	1 000	1700	2.28	30.66	69.95
15	1 000	1800	2.27	30.66	69.67
15	1 000	1900	2.29	30.66	70.28
15	1 000	2000	2.29	30.66	70.28
30	1 000	2100	2.21	30.37	67.11
30	1 000	2200	2.21	30.37	67.11
30	1 000	2300	2.20	30.38	67.53
30	1 000	2400	2.20	30.37	66.84
30	1 000	2500	2.20	30.36	66.79
30	1 000	2600	2.21	30.37	67.51
30	1 000	2700	2.21	30.36	67.12
30	1 000	2800	2.20	30.37	66.81
30	1 000	2900	2.21	30.38	67.14
30	1 000	3000	2.20	30.37	66.81

根据表 5-10 的数据,环境温度依次为 25 ℃、15 ℃ 和 30 ℃,光照强度为 1 000 W/m²,R_L 在 0~16 Ω 之间进行调节,CdTe 薄膜太阳能电池发电系统采用电导增量法试验最大功率与时间之间对应的 P-T 曲线如图 5-24 所示。

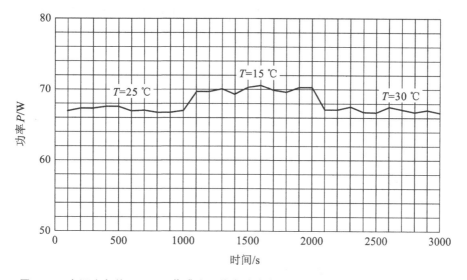

图 5-24　变温度条件下 CdTe 薄膜太阳能电池发电系统采用电导增量法的 P-T 曲线

将本书重点研究的 MPPT 控制算法和传统的电导增量法进行效果对比,得到变温度下 CdTe 薄膜太阳能电池发电系统 MPPT 控制算法与电导增量法的对比 P-T 曲线,如图 5-25 所示。

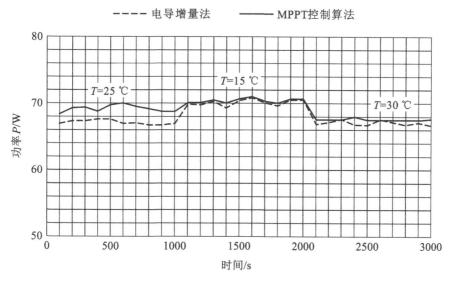

图 5-25　变温度下 CdTe 薄膜太阳能电池发电系统采用 MPPT 控制算法和采用电导增量法的 P-T 对比曲线

由图 5-25 可知,CdTe 薄膜太阳能电池发电系统,在变温度条件下,采用 MTTP 控制算法明显优于采用电导增量法得到的 P-T 动态响应图,相同条件下,采用 MTTP 控制算法的 CdTe 薄膜太阳能电池发电系统的转化效率要比后者高 2%~5%,两者响应速度相当。

5.4.3 CdTe薄膜太阳能电池发电系统MPPT逻辑控制方法的效果

（1）MPPT逻辑控制的动态调节性能好，能快速跟踪最大功率点，与仿真结果吻合。

（2）MPPT逻辑控制的效果比无控制时效果好。加入MPPT控制后，在相同光照和温度条件下，CdTe太阳能电池发电系统的最大输出功率会提升，提升范围在3%～9%。

（3）相同条件下本书基于占空比的MPPT控制算法的最大功率提升效果优于普通的电导增量法。

（4）本书所用的基于占空比的MPPT控制算法的动态响应要快于电导增量法。

通过试验研究表明：采用MTTP控制算法得到的变光照强度下CdTe薄膜太阳能电池发电系统的输出特性和变温度下CdTe太阳能电池发电系统的输出特性明显优于采用电导增量法得到的变光照强度下CdTe太阳能电池发电系统的输出特性和变温度下CdTe太阳能电池发电系统的输出特性，充分说明了MTTP控制算法的实用性和优越性。

5.5 本章小结

本章首先设计了CdTe薄膜太阳能电池发电系统MPPT控制试验平台总体组成方案，包含硬件结构和软件设计；其次，开发了CdTe薄膜太阳能电池发电系统MPPT控制试验平台；再次，提出了CdTe薄膜太阳能电池发电系统的MPPT控制试验方法；最后，对CdTe薄膜太阳能电池发电系统的输出特性与MPPT逻辑控制方法进行了验证。

主要工作及成果如下：

（1）开发了由模拟光源、太阳能电池板、光伏MPPT控制系统、充电管理系统、蓄电池组、直流负载等组成的CdTe薄膜太阳能电池发电系统MPPT控制试验平台。

（2）提出了CdTe薄膜太阳能电池发电系统的MPPT控制试验方法。

（3）进行了CdTe薄膜太阳能电池发电系统输出特性与MPPT逻辑控制试验研究。

（4）与电导增量法进行对比，验证了CdTe薄膜太阳能发电系统MPPT控制算法的实用性及其提升效果。

研究成果验证了本书提出的理论及相关技术研究的正确性。

第6章　总结与展望

 ## 6.1　全书总结

新时代科技和经济的全面发展,在给人类物质文明带来空前繁荣的同时,也给人类带来了环境恶化和能源危机。太阳能作为一种取之不尽的清洁能源,其利用的最主要形式是通过光伏发电技术转化为电能,进而广泛应用于电力、航空航天、汽车、交通、海洋、气象以及船舶等领域。

近年来,CdTe薄膜太阳能电池及其应用受到越来越多研究者的关注,并且有很多重要成果发表。通过作者查新和查阅大量文献发现,CdTe太阳能电池性能研究成果主要集中在制作方法和工艺方面,其研究成果不仅具有重要的理论意义,而且对CdTe薄膜太阳能电池的实际应用也具有指导作用。然而理论与实际总是有差距的,将CdTe薄膜太阳能电池应用于光伏发电系统仍有一定的局限性:首先,CdTe薄膜太阳能电池性能的好与坏,直接影响到CdTe薄膜太阳能电池发电系统的效率和应用;其次,良好的CdTe薄膜太阳能电池发电系统的工程用数学模型与特性,关系到CdTe薄膜太阳能电池发电系统控制算法的可行性;第三,为了提高CdTe薄膜太阳能电池发电系统的效率,需要寻求适应CdTe薄膜太阳能发电系统的有效控制方法;第四,为了验证CdTe薄膜太阳能电池光伏发电系统的实用性及效果,需要对CdTe薄膜太阳能电池发电系统的MPPT控制算法进行试验验证。

本书着眼于CdTe薄膜太阳能电池光伏发电系统整体优化,以改善CdTe薄膜太阳能电池的性能和实现低成本规模化生产与工程应用为目的,针对系统中若干关键技术,对CdTe薄膜太阳能电池的性能、工程用数学模型与特性、MPPT控制算法等方面进行了深入研究。在理论研究、计算机仿真和试验平台构建上进行了有益的探索,取得了一些有价值的成果。

本书主要的研究工作及贡献如下:

1. CdTe薄膜太阳能电池性能的研究

阐述了太阳能电池的工作原理、等效电路以及主要技术参数,分析了CdTe薄膜太阳能电池的结构与光电转换原理,研究了掺杂Cu对CdTe太阳能电池性能的影响和弱光下CdTe太阳能电池的性能。

(1)研究及实验结果表明,多晶CdTe薄膜太阳能电池本身适用于弱光照强度辐射下的发电。

(2)对于具有高分流电阻的良好制造的CdTe太阳能电池,在E_{irr}低至0.015-sum时,具有高分流电阻的CdTe太阳能电池,E_{irr}为标准AM1.5测试值的$70\%\sim80\%$。

(3)CdTe太阳能电池的开路电压和填充因子主要取决于分流路径/机制。

(4)对于具有相对低的分流电阻的CdTe太阳能电池,电池性能随着光照强度的降低而急剧恶化,其原因在于电池结构中存在弱二极管特性。

研究成果为 CdTe 太阳能电池的未来设计和制造提供了建设性方案。

2. CdTe 薄膜太阳能电池的工程用数学模型与特性研究

构建了在不同光照辐射和温度作用下 CdTe 薄膜太阳能电池的工程用数学模型和仿真模型,开发了 CdTe 薄膜太阳能电池特性仿真系统。

(1) 构建了不同光照辐射和温度作用下 CdTe 薄膜太阳能电池的工程用数学模型。

(2) 研究分析了 CdTe 薄膜太阳能电池在不同光照辐射和不同温度下的 J-U 输出特性。

(3) 研究结果表明 CdTe 薄膜太阳能电池具有很好的物理属性和制备工艺优势。

(4) 不同光照与温度下的输出特性具有良好的工作稳定性。

研究成果为 CdTe 薄膜太阳能电池发电系统 MPPT 逻辑控制的仿真研究奠定理论基础。

3. CdTe 薄膜太阳能电池发电系统的 MPPT 控制研究

分析了光伏 MPPT 控制系统组成以及依托 DC/DC 变换电路实现 MPPT 的原理;研究了 MPPT 逻辑控制方法;开发了 CdTe 薄膜太阳能光伏仿真系统;对常用光伏发电 MPPT 控制方法进行了仿真。

(1) 仿真结果表明不同类型的直流变换电路占空比与太阳能电池输出功率之间存在不同的 P-D 关系。

(2) 提出了基于占空比的 CdTe 薄膜太阳能电池发电系统 MPPT 逻辑控制方法。

(3) 开发了 CdTe 薄膜太阳能电池发电系统 MPPT 控制仿真系统,对 CdTe 薄膜太阳能电池 MPPT 逻辑控制方法进行了仿真,仿真研究表明了 CdTe 薄膜太阳能电池发电系统 MPPT 逻辑控制方法的有效性。

研究成果为 CdTe 薄膜太阳能电池光伏发电系统的开发奠定理论基础。

4. CdTe 薄膜太阳能电池发电系统的 MPPT 控制试验研究

设计了 CdTe 薄膜太阳能电池发电系统的整体结构及方案;设计了模拟光源、光照强度检测、MPPT 控制模块和光伏逆变电源 DC/DC 模块等硬件;开发了 CdTe 薄膜太阳能电池发电系统试验平台;提出了 CdTe 薄膜太阳能电池发电系统的 MPPT 控制试验方法。

(1) 开发了由模拟光源自动跟踪系统、太阳能电池板、光伏 MPPT 控制系统、充电管理系统、蓄电池组、直流负载等组成的 CdTe 薄膜太阳能电池发电系统试验平台。

(2) 提出了 CdTe 薄膜太阳能电池发电系统的 MPPT 控制试验方法。

(3) 进行了 CdTe 薄膜太阳能电池发电系统 MPPT 逻辑控制方法的试验研究。

(4) 验证了 CdTe 薄膜太阳能电池发电系统 MPPT 逻辑控制方法的实用性及其效果。

研究成果验证了本书提出的理论及技术研究的正确性。

 6.2 研究展望

本书在 CdTe 薄膜太阳能电池性能及其发电系统 MPPT 控制算法和试验研究方面取得了一定的成果,但由于 CdTe 薄膜太阳能电池发电系统受到诸多环境因素的影响,各种 MPPT 算法涉及的理论知识高深,同时,试验平台有很多技术难点需要突破,在本书研究过程中遇到了很多困难。由于受作者时间所限,还有很多理论和实践方面的工作值得进一步深入的分析、研究。现归纳如下：

（1）工程用数学模型可以进一步完善。构建三种不同的数学模型，进行仿真对比，得出最佳工程用数学模型。

（2）MPPT 的算法可以进一步优化，同时与多种其他算法进行对比，分析不同算法的最佳应用条件。

（3）试验平台可以进一步改进。试验平台目前是测试 1 块 CdTe 薄膜太阳能电池，工作电压为 31.2 V、工作电流为 2.41 A、额定功率为 75 W、开路电压为 41.6 V、短路电流为 2.77 A，下一步试验平台将由 10 块 CdTe 薄膜太阳能电池组成，构成小型光伏发电系统，得到更有价值的实验数据。

（4）将 CdTe 薄膜太阳能电池发电系统应用于工程中。建设光伏充电桩，用于电动大巴、电动轿车、电动摩托车的充电，将 CdTe 薄膜太阳能电池发电系统在工程中进行应用，使研究成果得到转化。

以上的研究需要众多科技界和企业界的工作者共同的努力才能实现，在此列出，希望能对后续的研究者有所帮助。

参 考 文 献

[1] Becquerel A E,Photoelectrochemical effect[J]. Compt. Rend. Acad. Sci. 1839,9：561-567.

[2] Ohl R S. Light-sensitive electric device including silicon：US,US2443542[P].

[3] Green M A,Emery K,Hishikawa Y,et al. Solar cell efficiency tables（version 37）[J]. Progress in Photovoltaics Research & Applications. 2011,19(1):84-92.

[4] 罗承先. 太阳能发电的普及与前景[J]. 中外能源. 2010,15(11):33-39.

[5] Agency I E. World Energy Outlook 2010[J]. International Energy Agency. 2004,volume 2010(1):3.

[6] 杨金焕. 太阳能光伏发电应用技术. [M]. 3 版. 电子工业出版社,2017.

[7] 高尚. 光敏化太阳电池材料——原理与应用[M]. 化学工业出版社,2015.

[8] 邵理堂,李银轮. 新能源转换原理与技术：太阳能[M]. 江苏大学出版社,2016.

[9] 刘柏谦,洪慧,王立刚. 能源工程概论[M],北京:化学工业出版社,2009.

[10] 王德亮,白治中,杨瑞龙,等. 碲化镉薄膜太阳电池中的关键科学问题研究[J]. 物理. 2013,42(5)：346-352.

[11] Glunz S W. New concepts for high-efficiency silicon solar cells[J]. Solar Energy Materials & Solar Cells. 2006,90(18-19):3276-3284.

[12] Kai Shen,Zhizhong Bai,et al. High efficiency CdTesolar cells with a through-thickness polycrystalline CdTe thin film[J]. RSC Advance,2016.

[13] 张静全,蔡伟,郑家贵,等. CdTe 太阳能电池研究进展[J]. 半导体光电. 2000,21(2):88-92.

[14] Deng Y；Yang J；et al. Cu-doped CdS and its application in CdTe thin film solar cell[J]. AIP Advances. 2016,6(1)：4231-184

[15] Yang J,Zhai Y,Liu H,et al. Si3AlP：A New Promising Material for Solar Cell Absorber[J]. Journal of the American Chemical Society. 2012,134(30):3-7.

[16] Shen X,Jia J,Lin Y,et al. Enhanced performance of CdTe quantum dot sensitized solar cell via,anion exchanges[J]. Journal of Power Sources. 2015,277:215-221.

[17] 吴得治. 碲化镉太阳能薄膜电池. 郑州金土地能源科技有限公司. CN201503863U[P]. 2015.

[18] 王东,于平荣,李学耕. 一种聚光发电系统. 普尼太阳能(杭州)有限公司. CN102157593A[P]. 2014.

[19] Paudel,NR；Grice,CR；et al. High temperature CSS processed CdTesolar cells on commercial SnO₂：F/ SnO₂ coated soda-lime glass substrates[J]. Journal of Materials Science-Materials in Electronics. 2015, 26(7)：4708-4715.

[20] Peng B,Phuoc N N,Ong C K. High-frequency magnetic properties and their thermal stability in diluted IrMn-Al₂O₃/FeCo exchange-biased multilayers[J]. Journal of Alloys & Compounds. 2014,602(4)：87-93.

[21] Luschitz,J.,B. Siepchen,J. et al. CdTe thin film solar cells：Interrelation of nucleation,structure,and performance[J]. Thin Solid Films,2009,517(7)：2125-2131.

[22] Zhang MJ,Lin QX,et al. Novel p-Type Conductive Semiconductor Nanocrystalline Film as the Back Electrode for High-Performance Thin Film Solar Cells[J]. Nano Letters. 2016,16(2)：1218-1223.

[23] Jae Ho Yun,Eun Seok Cha,et al. Performance improvement in CdTe solar cells by modifying the CdS/ CdTe interface with a Cd treatment[J]. Current Applied Physics. 2014,14(4)：630-635.

[24] RomeoA,Salavei A,et al. Electrical Characterization and Aging of CdTeThin Film Solar Cells with

Bi2Te3 Back Contact[C]. 2013 IEEE 39TH Photovoltaic Specialists Conference（PVSC）. 2013：1178-1182.

［25］冯良桓,张静全,蔡伟,等.氢氧气氛下沉积的 CdTe 薄膜及太阳电池的性质[J].半导体学报. 2005,26（4）:716-720.

［26］Todorov T K,Reuter K B,Mitzi D B. High-efficiency solar cell with Earth-abundant liquid-processed absorber.[J]. Advanced Materials. 2010,22(20):156-9.

［27］黎兵,蔡伟,冯良桓,等.太阳电池中 CdS 薄膜的制备及其性能的研究[J].光电子技术. 2004,24(2):84-88.

［28］李卫,冯良桓,张静全.CdTe 太阳电池组件的关键技术研究[J].中国科学 E 辑,SCIENCE IN CHINA（SERIES E）,2007,37（7）: 6.

［29］Singh, V. P. , D. L. Linam, D. W. Dils, J. C. McClure, G. B. Lush. Electro-optical characterization and modeling of thin film CdS-CdTe heterojunction solar cells[J]. Solar Energy Materials And Solar Cells, 2000,63(4): 445-466.

［30］Yildiz H B,Ran T V,Willner I. Solar Cells with Enhanced Photocurrent Efficiencies Using Oligoaniline-Crosslinked Au/CdS Nanoparticles Arrays on Electrodes[J]. Advanced Functional Materials. 2008,18（21）:3497-3505.

［31］Lv B,Yan B,Li Y,et al. Ellipsometric investigation of S-Te inter-diffusion and its effect on quantum efficiency of CdS/CdTe thin films solar cell[J]. Solar Energy. 2015,118:350-358.

［32］Han J F,Fu G H,Krishnakumar V,et al. CdS annealing treatments in various atmospheres and effects on performances of CdTe/CdS solar cells[J]. Journal of Materials Science Materials in Electronics. 2013,24(8):2695-2700.

［33］University S,Chengdu. Effect of oxygen on CdS polycrystalline thin films prepared in ambient of Ar and O_2 by close spaced sublimation technology[J]. Acta Physica Sinica. 2009,58(9):6465-6470.

［34］Contreras M A,Ramanathan K,Abushama J,et al. SHORT COMMUNICATION：ACCELERATED PUBLICATION：Diode characteristics in state-of-the-art ZnO/CdS/Cu（In1-xGax）Se2 solar cells[J]. Progress in Photovoltaics Research & Applications,2005,13(3):209-216.

［35］邓玉荣,欧阳珉路,杨帆,等.CdS/Cu_2O 太阳能电池的制备及膜厚对光电性能的影响[J].武汉理工大学学报. 2011(2):1-4.

［36］Cruz,L. R. ,J. A. Sousa Fernandes,C. L. Ferreira,W. A. Pinheiro. Microstructural and optical properties of CSS and CBD-CdSthin films for photovoltaic solar cells[J]. Materia-Rio De Janeiro,2014,19(3): 228-234.

［37］吴洪才,毛小龙,薛大顺,等.CdTe 薄膜的制备及其光电性能的研究[J].太阳能学报,2003(z1):66-69.

［38］Ma L,Luo H,Wang W,et al. Structural and optical properties of the ZnS nanobelts grown on Zn foil via a simple method[J]. Materials Letters. 2015,139:364-367.

［39］牛学鹏,辜琼谊,杨培.碲化镉薄膜太阳能电池的制备方法及其使用的石墨导电膏.无锡尚德太阳能电力有限公司;四川尚德太阳能电力有限公司,CN103198875A[P]. 2013-07-10.

［40］周炳卿,田晓.微晶硅薄膜材料及其高效异质结 HIT 太阳能电池的研究[J].内蒙古师范大学,2010-05-12.

［41］Tang J,Mao D,Trefny JU. Effect of Cu doping on the properties of ZnTe：Cu thin films and CdS/CdTe/ZnTe solar cells［C］. NREL/SNL Photovoltaics Program Review -Proceedings of the 14th Conference：A Joint Meeting. 1997,394(02): 639-646.

［42］王琰,侯延冰,唐爱伟,等.不同稳定剂对水溶性 CdTe 纳米晶光学性质的影响[J].发光学报. 2008,29

(1):171-175.

[43] Bai Z,Yang J,Wang D. Thin film CdTe solar cells with an absorber layer thickness in micro-and sub-micrometer scale[J]. Applied Physics Letters. 2011,99(14):520.

[44] Kriegel I, Rodriguez-Fernandez J, et al. Shedding Light on Vacancy-Doped Copper Chalcogenides: Shape-Controlled Synthesis, Optical Properties, and Modeling of Copper Telluride Nanocrystals with Near-Infrared Plasmon Resonances[C]. ACS NANO,2013,7(5): 4367-4377.

[45] Loferski J J. Theoretical Considerations Governing the Choice of the Optimum Semiconductor for Photovoltaic Solar Energy Conversion[J]. Journal of Applied Physics. 1956,27(7):777-784.

[46] Amin N,Sopian K,Konagai M. Numerical modeling of CdS/CdTe and CdS/CdTe/ZnTe solar cells as a function of CdTe thickness[J]. Solar Energy Materials & Solar Cells. 2007,91(13):1202-1208.

[47] Matin M A,Tomal M U,Robin A M,et al. Numerical Analysis of Novel Back Surface Field for High Efficiency Ultrathin CdTe Solar Cells[J]. International Journal of Photoenergy,2013(3):1-8.

[48] Cohen-Solal G, Lincot D, Barbe M. High Efficiency Shallow p+nn+, Cadmium Telluride Solar Cells [M]. Fourth E. C. Photovoltaic Solar Energy Conference. SpringerNetherlands,1982:621-626.

[49] Fahrenbruch A L, Bube R H. Fundamentals of solar cells :photovoltaic solar energy conversion[M]. Academic Pr,1983.

[50] Khrypunov G S, Sokol E I, Yakimenko Y I, et al. Solar-energy conversion by combined photovoltaic converters with CdTe and CuInSe 2,base layers[J]. Semiconductors. 2014,48(12):1631-1635.

[51] Kosyachenko L A, Grushko E V. Open-circuit voltage, fill factor, and efficiency of a CdS/CdTe solar cell[J]. Semiconductors. 2010,44(10):1375-1382.

[52] Matin M A, Aliyu M M, Quadery A H, et al. Prospects of novel front and back contacts for high efficiency cadmium telluride thin film solar cells from numerical analysis[J]. Solar Energy Materials & Solar Cells. 2010,94(9):1496-1500.

[53] Kosyachenko L, Toyama T. Current-voltage characteristics and quantum efficiency spectra of efficient thin-film CdS/CdTe solar cells[J]. Solar Energy Materials & Solar Cells. 2014,120(1):512-520.

[54] Okamoto T, Yamada A, Konagai M. Optical and electrical characterizations of highly efficient CdTe thin film solar cells prepared by close-spaced sublimation[J]. Journal ofCrystal Growth. 2000,s 214-215(6): 1148-1151.

[55] Wu X,Sheldon P,Coutts T J. Photovoltaic devices comprising zinc stannate buffer layer and method for making[J]. 2001.

[56] 光伏太阳能网站:http://www. solarzoom. com/article-62995-1. html.

[57] Mungan, E. S. , S. Dongaonkar, M. A. Alam, Ieee, Bridging the Gap: Modeling the Variation due to Grain Size Distribution in CdTe Solar Cells[C], IEEE 39th Photovoltaic Specialists Conference,2013: 2007-2010.

[58] Lee K H,Lee J H,Kang H D,et al. Highly fluorescence-stable blue CdZnS/ZnS quantum dots against degradable environmental conditions[J]. Journal of Alloys & Compounds. 2014,610(20):511-516.

[59] 钟永强,郑家贵,冯良桓,等.不同沉积条件下 ZnTe 与 ZnTe:Cu 复合背接触层对 CdTe 太阳电池性能的影响[J].计量与测试技术,2011,(02): 30-32.

[60] 杨瑞龙,王德钊,杨军,等.高转换效率 CdTe 薄膜太阳电池研究与制备[C].中国光伏大会暨国际光伏展览会. 2013.

[61] 杨军,杨瑞龙,白治中,等.Cu 掺杂对 CdS 薄膜结构、光致发光及 CdS/CdTe 电池性能的影响[J].光谱实验室,2013,30(1):1-8.

［62］ Mohamed WF，Shehathah MA. The effect of the series resistance on the photovoltaicproperties of In-doped CdTe thin film homojunction structure［J］. Renewable Energy. 2000，21(2)：141-152.

［63］ Grecu D，Compaan AD，et al. Photoluminescence of Cu-doped CdTeand related stability issues in CdS/CdTesolar cells［J］. Journal of Applied Physics. 2000，88(5)：2490-2496.

［64］ Jun Liang，Hui Bi，et al. Novel Cu nanowires/graphene as the back contact for CdTesolar cells［J］. Advanced Functional Materials. 2012，22(6)：1267-1271.

［65］ Chun Li，Shiqiong Zhou. The Modeling of Solar Cells［J］. Applied Mechanics and Materials. 2015，716-717：1438-1441.

［66］ Carter N J，Yang W C，Miskin C K，et al. Cu$_2$ ZnSn(S，Se)$_4$，solar cells from inks of heterogeneous Cu-Zn-Sn-S nanocrystals［J］. Solar Energy Materials & Solar Cells，2014，123(2)：189-196.

［67］ Lisco F，Kaminski PM，et al. High rate deposition of thin film cadmium sulphide by pulsed direct current magnetron sputtering［J］. Thin Solid Films. 2015，574：43-51.

［68］ Zhengfeng Yang，Koirala P. ，et al. Transition metal nitride contacts for CdTephotovoltaics［C］. 2014 IEEE 40th Photovoltaic Specialists Conference (PVSC). 2014：1735-1739.

［69］ Shen K，Li Q，et al. CdTe solar cell performance under low-intensity light irradiance［J］. Solar Energy Materials and Solar Cells. 2016(144)：472-480.

［70］ Erickson T，Rockett A，et al. Nitrogen Doped Chalcopyrites as Contacts to CdTePhotovoltaics［C］. IEEE 40th Photovoltaic Specialist Conference(PVSC). 2014：2404-2406.

［71］ 廖志凌，施卫东，梅从立，等. 一种太阳能电池工程化数学模型的建模方法. CN 102968535 A［P］. 2013.

［72］ Zhao Zhigang，Zhang Chunjie，et al. Impact of number of solar cells in parallel/series and temperature on junction capacitance［J］. Journal of System Simulation. 2015，27(6)：1394-1400.

［73］ Liao Z，Liu G，Mei C. An improved non-linear engineering mathematical model for silicon solar cell［J］. Journal ofJiangsu University. 2010，31(4)：442-446.

［74］ Sakib K. N. ，Kabir M. Z，Williamson S. S. Cadmium Telluride Solar cell：From Device modeling to electric vehicle battery management［C］. 2013 IEEE Transportation Electrification Conference and Expo (ITEC). 2013.

［75］ 苏海滨，卞晶晶，刘强，等. 基于神经网络的光伏发电最大功率点跟踪算法［J］. 华北水利水电大学学报（自然科学版）. 2010，31(6)：80-83.

［76］ Sharp J. ，D. Pulfrey，G. A. Umana-Membreno，L. Faraone，J. M. Dell. Modeling and Design of a Thin-Film CdTe/Ge Tandem Solar Cell［J］. Journal Of Electronic Materials，2012，41(10)：2759-2765.

［77］ Pavan AM，Mellit A，Lughi V. Explicit empirical model for general photovoltaic devices：Experimental validation at maximum power point［J］. Solar Energy. 2014(101)：105-116.

［78］ Schweiger M. ，Ulrich M. ，et al. Spectral analysis of various thin-film modules using high-precision spectral response data and solar spectral irradiance data［C］. 27th European Photovoltaic Solar Energy Conference and Exhibition. Proceedings. 2012：3284-3290.

［79］ Deng X，Collins R W. Analysis and optimization of thin film photovoltaic materials and device fabrication by real time spectroscopic ellipsometry［J］. 2007，6651(2).

［80］ Albright，S. P. ，et al. Performance measurement irregularities on CdS/CdTedevices and modules［J］. International Journal of Solar Energy. 1992，12(1-4)：109-120.

［81］ 周锏，耿卫东，杜学伟等. 太阳能最大功率点跟踪系统及其实现方法. 天津光电惠高电子有限公司. CN102331808A［P］. 2012.

［82］ Rezk H，Eltamaly A M. A comprehensive comparison of different MPPT techniques for photovoltaic systems[J]. Solar Energy. 2015(112)：1-11.

[83] He Yong-hui, Li Lan. Comparison of methods of maximum power point tracking of photovoltaic cells [J]. Industry and Mine Automation. 2013,39(6)：81-84.

[84] 苑薇薇,李延雄. 模糊 PID 应用于光伏发电 MPPT 的研究[J]. 沈阳理工大学学报. 2013,32(5)：48-54.

[85] 李慧慧,孙志毅. 基于模糊控制的光伏发电最大功率点跟踪[J]. 科技资讯. 2010(7)：121-122.

[86] Wang Y L, Xie J D. MPPT of Photovoltaic Power Generation Based on Double Fuzzy Controllers[J]. Applied Mechanics & Materials,2011,130-134：3438-3441.

[87] 黄塈,万钧力,翁利国,程江洲. 基于最大功率跟踪控制的单相光伏系统研究[J]. 电源技术,2013(12)：2150-2153.

[88] 陶靖琦,廖家平,赵熙临. 基于模糊控制的光伏发电系统 MPPT 技术研究[J]. 湖北工业大学学报,2011 (1)：16-19.

[89] 袁路路,苏海滨,武东辉,刘强. 基于模糊理论的光伏发电最大功率点跟踪控制策略研究[J]. 电力学报,2009(02)：86-89.

[90] Kumar, M. D. , I. Deepa, Ieee. Implementation of fuzzy logic MPPT control and Modified H-hridge inverter in Photovoltaic System[C]. 2014 International Conference on Electronics And Communication Systems (Icecs),2014.

[91] Hwa, Chung Dong. A Novel MPPT Control of a Photovoltaic System using an FLC Algorithm[J]. Journal of the Korean Institute of Illuminating and Electrical Installation Engineers. 2014,28(11)：17-25.

[92] 刘涛,王霄,何小斌,等. MPPT 统一控制电路及其控制方法. 上海空间电源研究所. CN105450168A [P]. 2016-03-30.

[93] 刘美. 一种 MPPT 控制方法的应用与仿真研究[J]. 电力电子技术. 2012,46(6)：10-12.

[94] Amrouche B,Sicot L,et al. Experimental analysis of the maximum power point′s properties for four photovoltaic modules from different technologies：Monocrystalline and polycrystalline silicon,CIS and CdTe[J]. Solar Energy Materials and Solar Cells. 2013(118)：124-134.

[95] Syafaruddin,Hiyama T. ,Karatepe E. Feasibility of artificial neural network for maximum power point estimation of non crystalline-Si photovoltaic modules[C]. 15th International Conference on Intelligent System Applications to Power Systems (ISAP). 2009；1-6.

[96] Patel SJ,Kumar G,et al. Maximum power point computation using current-voltage data from open and short circuit regions of photovoltaic module：A teaching learning based optimization approach[J]. Journal of Renewable and Sustainable Energy. 2015,7(4)：514-522.

[97] Cheng P C,Peng B R,Liu Y H,et al. Optimization of a Fuzzy-Logic-Control-Based MPPT Algorithm Using the Particle Swarm Optimization Technique[J]. Energies. 2015,8(6)：5338-5360.

[98] Dib D,Mordjaoui M,Sihem G. Contribution to the performance of GPV systems by an efficient MPPT control[C]. Renewable and Sustainable Energy Conference. IEEE,2016；1-7.

[99] Mahalakshmi R,Kumar AA,Kumar A. Design of Fuzzy Logic Based Maximum Power Point Tracking Controller for Solar Array for Cloudy Weather Conditions [C]. 2014 Power and Energy Systems Conference：Towards Sustainable Energy. 2014；1-4.

[100] Yu Tian-yi, Yang Peng, Liu Song. Simulation of MPPT control algorithms for photovoltaic system based on DC/DC[J]. Mechanical & Electrical Engineering Magazine. 2011,28(10)：1281-1290.

[101] Syafaruddin,Karatepe E,Hiyama T. Polar coordinated fuzzy controller based real-time maximum-power point control of photovoltaic system[J]. Renewable Energy. 2009,34(12)：2597-2606.

[102] Xiujuan Ma, Yude Sun, et al. The research on the algorithm of maximum power point tracking in photo voltaic array of solar car[C]. 2009 IEEE Vehicle Power and Propulsion Conference (VPPC). 2009: 1379-1382.

[103] Grzesiak, W. MPPT solar charge controller for high voltage thin film PV modules[C]. Conference Record of the IEEE 4th World Conference on Photovoltaic Energy Conversion. 2006,2:2264-2267.

[104] 邓奕,陈静,李娟,王聪.快速变化环境条件下最大功率点跟踪方法[J].武汉理工大学学报,2015,03: 103-106.

[105] 邓奕,余振洪.光照强度检测在光伏发电自动跟踪系统中的应用[J].中国新通信,2014,02:87-88.

[106] 张兰,邓奕.太阳光照强度检测定位的研究与应用[J].电子世界,2014,(20),1.

[107] 陈静,邓奕,王聪,等.光伏发电系统最大功率点快速跟踪器.武汉理工大学,CN203858537U[P]. 2014-10-01.

[108] 邓奕,陈静,王聪,等.太阳能追踪模拟系统实训设备.汉口学院,CN302960836S[P].2014-10-08.

[109] Zainal NA, Tat, CS; Ajisman. Fuzzy Logic Controlled Solar Module for Driving Three-Phase Induction Motor[C]. 2nd International Manufacturing Engneering Conference and 3rd ASIA-PACIFIC Conference on Manufacturing Systems (IMEC-APCOMS 2015). 2016(1):12-13.

[110] Zhang Housheng, Zhao Yanlei. Research on a Novel Digital Photovoltaic Array Simulator[C]. Proceedings of the 2010 International Conference on Intelligent Computation Technology and Automation (ICICTA 2010). 2010,(2): 1077-1080.

[111] Xie L, Yu S, Wang F, et al. The experimental and simulation research on system efficiency of photovoltaic pumping system[C]. Industrial Electronics and Applications. 2009. Iciea 2009. IEEE Conference on. IEEE,2009:2335-2339.

[112] ESRAM T, CHAPMAN P L. Comparison of photovoltaic array maximum power point tracking techniques[J]. IEEE Trans on Energy Conversion,2007,22(7):439-449.

[113] 李建,姚雪梅,夏东伟,等.一种改进干扰观察法的仿真研究[J].杭州电子科技大学学报,2008,28 (6): 123-126.

[114] 张礼胜,李全.基于模糊控制的光伏电池 MPPT 的设计[J].现代电子技术,2009(8): 165-167.

[115] Babaa S E, Armstrong M, Pickert V. Overview of Maximum Power Point Tracking Control Methods for PV Systems[J]. Journal of Power & Energy Engineering,2014,02(8):59-72.

[116] 张淼,吴捷.滑膜技术在 PV 最大功率点追踪系统中的应用[J].电工技术学报,2005,20(3): 90-93.

[117] Wang Bo, Li An, et al. Research on Three-phase Grid-Connected Photovoltaic System Operation[J]. Electric Power Science and Engineering. 2011,27(1): 5-10.

[118] Yi Deng, Jing Chen, Kai Yang, Neng Cao. Design of DC-DC module for 300W photovoltaic inverter[J]. Applied Mechanics and Materials. 2014(519-520): 1107-1111.

[119] 董密,罗安.光伏并网发电系统中逆变器的设计与控制方法[J].电力系统自动化.2006,30(20): 97-102.

[120] Bakhoda OZ, Menhaj MB, Gharehpetian GB. Fuzzy logic controller vs. PI controller for MPPT of three-phase grid-connected PV system considering different irradiation conditions[J]. Journal of Intellingent & Fuzzy Systems. 2016,30(3): 1353-1366.

[121] 邓奕.袁苗.小功率太阳能电池板稳压电路[J].电子制作,2014(6):61-63.

[122] 邓奕.风光互补发电实训平台.汉口学院,CN203386382U[P].2014-01-08.

[123] Mao L, Chen J, et al. A Novel Photovoltaic Off-grid Inverter Based on Boost Converter[C]. Proceddings of the Roceedings of the 2015 International Power Electronics and Materials Engineering

Conference. 2015(17)：166-169.

[124] Xiang ZX，Chen J，Deng Y，et al. A Three-stage Charging Method forBattery in Photovoltaic Power System[C]. Procedcings of the Roceedings of the 2015 International Power Electronics and Materials Engineering Conference. 2015(17)：170-173.

[125] Bufi C，Elasser A，Agamy M. A System Reliability Trade-off Study for Centralized and Distributed PV Architectures[C]. 2015 IEEE 42nd Photovoltaic Specialist Conference (PVSC). 2015：1-5.

[126] Bigdeli N. Optimal management of hybrid PV/fuel cell/battery power system：A comparison of optimal hybrid approaches[J]. Renewable & Sustainalbe Energy Reviews. 2015(42)：377-393.

[127] Gupta S. ，Garg R. ，Singh A. TS-fuzzy based controller for grid connected PV system[C]. 2015 Annual IEEE India Conference (INDICON). 2015. 7443280.

[128] Jianjun Su；Menyue Hu；et al. The Control Strategy and Simulation of Three-Phase Grid-Connected Photovoltaic System[J]. Advanced Materials Research. 2013(608-609)：164-168.

[129] 田琦，赵争鸣，韩晓艳.光伏电池模型的参数灵敏度分析和参数提取方法[J].电力自动化设备，2013，33(5)：119-124.

[130] 戚军，翁国庆，章旌红.光伏阵列多峰最大功率电分布特点研究[J].电力自动化设备，2014，34(3)：132-137.

[131] 杨永恒，周克亮.光伏电池建模及MPPT控制策略[J].电工技术学报，2011，26(增刊1)：229-234.

[132] Green M A，Emery K，Hishikawa Y，et al. Solar cell efficiency tables (version 49)[J]. Progress in Photovoltaics Research & Applications，2017，25(5)：347-352.

[133] Li W，Yang R，Wang D. CdTe solar cell performance under high-intensity light irradiance[J]. Solar Energy Materials & Solar Cells. 2014，123(4)：249-254.